Dreamweaver 网页制作基础教程

田 成　王焕杰　曾跃奇　主　编
沈屏丽　庄志龙　兰　翔　副主编
　　　　杜华英　容湘萍

电子工业出版社
Publishing House of Electronics Industry
北京·BEIJING

内容简介

本书按照项目教学法组织教学内容。全书以实例引入教学，由 12 个项目构成，涵盖网页设计的各个方面，12 个项目共同构成一个完整网站的前台页面内容。主要知识点包括在网页中插入文本、图像、媒体、超链接、表单等网页元素，运用表格、框架、层、DIV 标签等工具对网页进行布局，使用模板和库制作网页，运用 CSS 样式设计网页外观，使用 AP Div 等完善网页功能，为网页添加动态的效果。

本书可作为中等职业技术学校和高等职业技术学校"网页设计与制作"课程的教材，也可以作为网页设计爱好者的入门用书。如果作为教学参考书，后续课程可以参考《ASP 动态网页设计与应用》一书。

未经许可，不得以任何方式复制或抄袭本书之部分或全部内容。

版权所有，侵权必究。

图书在版编目（CIP）数据

Dreamweaver 网页制作基础教程 / 田成，王焕杰，曾跃奇主编．—北京：电子工业出版社，2014.8

ISBN 978-7-121-20861-4

Ⅰ．①D… Ⅱ．①田… ②王… ③曾… Ⅲ．①网页制作工具－高等学校－教材 Ⅳ．①TP393.092

中国版本图书馆 CIP 数据核字（2013）第 145372 号

策划编辑：施玉新
责任编辑：李　蕊
印　　刷：北京七彩京通数码快印有限公司
装　　订：北京七彩京通数码快印有限公司
出版发行：电子工业出版社
　　　　　北京市海淀区万寿路 173 信箱　邮编 100036
开　　本：787×1 092　1/16　印张：12.75　字数：359 千字
版　　次：2014 年 8 月第 1 版
印　　次：2021 年 1 月第 4 次印刷
定　　价：28.00 元

凡所购买电子工业出版社图书有缺损问题，请向购买书店调换。若书店售缺，请与本社发行部联系，联系及邮购电话：（010）88254888，88258888。
质量投诉请发邮件至 zlts@phei.com.cn，盗版侵权举报请发邮件至 dbqq@phei.com.cn。
本书咨询联系方式：（010）88254598，syx@phei.com.cn。

前　言

随着计算机技术的发展和普及，职业技术学校的网页设计与制作教学存在的主要问题是传统的理论教学内容过多，能够让学生亲自动手的实践内容偏少。本书兼容 Dreamweaver CS4 以上的版本，按照项目教学法组织教学内容，以实践为主，以理论为辅，由浅入深让学生在实际操作过程中循序渐进地了解和掌握网页制作的流程及方法。为确保界面一致，推荐使用 Dreamweaver CS4 中文版作为教学软件。

全书共 12 个项目，主要内容如下：

项目一介绍网页的基本知识，完成"个人简介"和"学校简介"的制作。

项目二介绍网页中的文字、图片元素，完成"学校概况"的制作。

项目三介绍表格和嵌套表格布局，完成"学校新闻"的制作。

项目四介绍网页超链接，完成为"新闻页"添加链接。

项目五介绍网页模板及库，通过模板和库完成"新闻动态"的制作。

项目六介绍框架网页及属性设置，完成"新闻动态详细信息"的制作。

项目七介绍表单及属性设置、Spry 验证表单，完成"用户注册"的制作。

项目八介绍 Flash 及其他媒体元素，为网页添加多媒体元素。

项目九介绍 CSS+Div 样式，通过实例利用 CSS+Div 美化网页。

项目十介绍 AP Div，完成校园网中的动态导航制作。

项目十一介绍行为和源代码，完成为"首页"添加动态效果。

项目十二综合上述内容，完成完整的校园网制作。

在本书的编写过程中，编者参阅了大量文献资料，在此向提供帮助的各位同仁表示感谢。本书由田成、王焕杰、曾跃奇担任主编，沈屏丽、庄志龙、兰翔、杜华英、容湘萍担任副主编，参编人员有张小集、周健、葛宇、张付兰、张丽霞、陈玲、田玲、彭锦强、文祝青、龚碧辉、周运姐等。

由于版面限制和编者水平所限，书中难免存在疏漏和错误之处，恳请广大读者批评指正。

联系方式：cnsyjsj@163.com。

编　者

2014 年 3 月

目　　录

项目一　制作简介 ·· 1
　　任务一　制作"个人简介" ·· 2
　　任务二　制作"学校简介" ·· 6
　　任务三　利用站点管理网页 ·· 17

项目二　制作"学校概况" ·· 21
　　任务一　网页中的文本 ·· 22
　　任务二　利用图文混排制作漂亮网页 ··· 28

项目三　制作"学校新闻" ·· 34
　　任务一　简单表格布局基本页面 ··· 35
　　任务二　嵌套表格布局复杂页面 ··· 40

项目四　为"新闻页"添加链接 ·· 48
　　任务一　网页中常见的超级链接 ··· 49
　　任务二　创建不同的超级链接 ·· 55
　　任务三　管理站点导航资源 ·· 58

项目五　制作"新闻动态" ·· 62
　　任务一　网页模板的应用 ··· 65
　　任务二　库项目的应用 ·· 74

项目六　制作"新闻动态详细信息" ··· 81
　　任务一　框架网页的创建和保存 ··· 83
　　任务二　框架属性设置 ·· 92

项目七　制作"用户注册" ·· 100
　　任务一　简单表格布局基本页面 ··· 101
　　任务二　使用 Spry 验证注册表单 ··· 114

项目八　网页中的多媒体元素 ·· 124
　　任务一　为网页添加 Flash 动画 ·· 125
　　任务二　为网页添加背景音乐和视频 ··· 128

项目九　CSS +Div 美化网页 ······· 134
任务一　CSS 样式表的创建及应用 ······· 135
任务二　CSS+Div 布局网页 ······· 149

项目十　校园网中的动态导航 ······· 157
任务一　制作"漂浮广告" ······· 158
任务二　创建跟随漂浮广告的导航菜单 ······· 160
任务三　创建 Spry 动态菜单 ······· 163

项目十一　为"首页"添加动态效果 ······· 166
任务一　利用行为制作网页动态效果 ······· 167
任务二　利用源代码制作特效网页 ······· 173

项目十二　整合网站 ······· 177
任务一　完善育才学校网站 ······· 178
任务二　制作企业网站 ······· 182

附录 A　常用 HTML 代码 ······· 187
附录 B　Div 快捷键 ······· 191

项目一　制作简介

核心技术

- 网页的构成
- 文字格式的基本应用
- 站点的建立和管理

任务目标

- 任务一：制作"个人简介"
- 任务二：制作"学校简介"
- 任务三：利用站点管理网页

知识摘要

- 网页简介
- 文本格式的设置
- 浏览网页文件
- HTML 代码
- 建立站点

项目背景

根据学校的要求,育才学校网站需要增加学校简介和个人简介两项内容。在制作动态页面之前需要网站管理员预先设计相关的静态页面。

项目分析

在网页设计中,往往需要涉及文字、图片、多媒体等信息。其中,文字修饰是很重要的一个元素。在这个项目中,简单的文字内容可以手工输入,为节省时间,大段的文字可以从素材中获得。

项目目标

通过对于"个人简介"和"学校简介"两个页面的设计,掌握 HTML 语言的基本常识及网页的基本组成部分。同时对表格的应用及 CSS 样式表的应用也有一个初步的认识。

任务一 制作"个人简介"

知识准备

网页是构成网站的基本元素,是承载各种网站应用的平台。通俗地说,网站是由网页组成的。网页是一个文本文件,可以存放在世界上某一部计算机中,而这部计算机一般是与互联网相连的。网页由网址(URL)来识别与存取,是万维网中的一"页",是 HTML(超文本标记语言)格式(文件扩展名为.html 或.htm)。通过网页可以展现文本、图像、动画、视频、音频,甚至三维虚拟仿真的信息。

项目实施

要求网站管理员为育才学校网站设计一个"个人简介"网页,作为后期网站设计的模板,或者作为后期进行动态页面设计的依据。

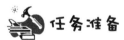

(1)计算机已经安装 Dreamweaver 软件。
(2)将需要的素材放到计算机中指定的文件夹内。

操作方法

步骤 1:单击"开始"菜单中的 Dreamweaver 软件项,如图 1.1.1 所示;或者双击桌面上的 Dreamweaver 图标,打开 Dreamweaver 软件,如图 1.1.2 所示。

图 1.1.1 "开始"菜单

步骤 2：在 Dreamweaver 中选择"文件"→"新建"选项，如图 1.1.3 和图 1.1.4 所示。

图 1.1.2　桌面图标　　　　图 1.1.3　"文件"菜单中的"新建"选项

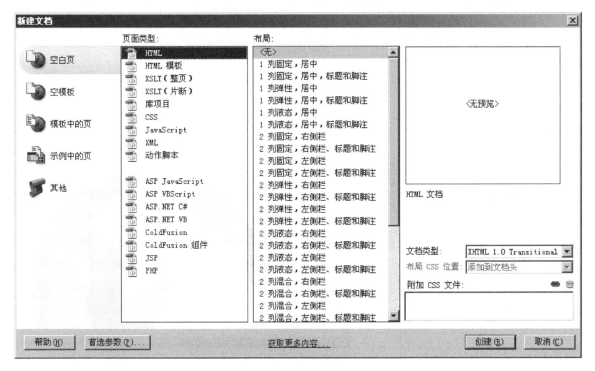

图 1.1.4　新建文档窗口

在新建文档窗口选择"空白页"→"HTML"→"创建"选项。新建文档的工具栏如图 1.1.5 所示。

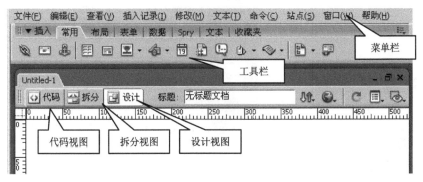

图 1.1.5　工具栏

在页面的设计窗口中可以看到三个视图切换按钮，可以分别切换到代码视图、拆分视图和设计视图。在学习网页的初期,设计视图是用得最多的视图。随着对 HTML 掌握的熟练程度,到后期一般代码视图将用得更多。

> ■小贴士　视图切换按钮
>
> 　　一般设计视图用于网站前台人员进行布局和整体设计,代码视图用于对设计视图进行细微的调节。一般不建议初学者使用代码视图进行直接调整,一个字符的错误都有可能导致整个页面的崩溃,在对所有的 HTML 代码都比较熟悉的情况下,可以直接对代码进行操作。拆分视图一般用于对代码与设计视图进行对照,以确定编辑的位置和编辑后的效果。

步骤 3:单击工具栏上的插入表格按钮,插入一个 8 行 2 列的表格,如图 1.1.6~图 1.1.8 所示。

图 1.1.6　插入表格按钮

图 1.1.7　表格参数

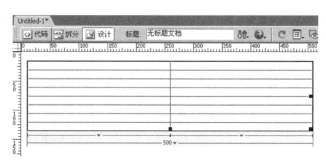

图 1.1.8　新建表格

选择"文件"→"保存"选项,保存文件到一个指定的文件夹中,如 D:盘的根目录,命名为 JianJie.html,如图 1.1.9 和图 1.1.10 所示。

图 1.1.9　"文件"菜单中的"保存"选项

图 1.1.10　"另存为"对话框

步骤 4：在表格内输入如图 1.1.11 所示的内容。

个人简介	
姓名	XXX
生日	XXXX年XX月XX日
联系电话	15888888888
电子邮件	XXXXXX@XXXX.XXX
QQ	XXXXXXXX
家庭住址	XXXXXXXXXXXXXX
兴趣爱好	XXXXXXXXXXXXXX

图 1.1.11　新建表格内容

其中的具体内容，可以用自己的真实信息来填写。

步骤 5：选择文字"个人简介"，用鼠标右键单击属性，在页面下方的属性面板中设置被选中文字的大小、颜色、粗细等参数。设置为 24 号，粗体，前景色#CC0000，背景色#CCCCCC，如图 1.1.12 所示。

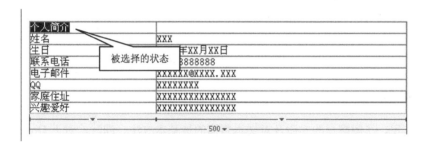

图 1.1.12　文字选择状态

■小贴士：十六进制颜色

在网页制作中，无论前景色还是背景色都用十六进制的格式来表示，即 0，1，2，3，4，5，6，7，8，9，A，B，C，D，E，F。一般 6 位为一组，前面加"#"号表示十六进制。其中前两位代表的是红色的分量，中间两位是绿色的分量，最后两位是蓝色的分量。00 为最小，FF 为最大。根据光的三原色原理，由红、绿、蓝三种分量混合形成最后的颜色。例如，#FF0000，代表的是纯红色。

图 1.1.13 为对文字进行设置时最常用的属性。

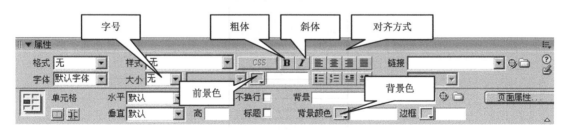

图 1.1.13　属性设置

步骤 6：依次设置其他文字的格式，最后的效果如图 1.1.14 所示。
步骤 7：在浏览器中预览。

选择文件工具栏上的［浏览调试］按钮，如图1.1.15所示。在IE或者其他浏览器中查看最后的效果，如图1.1.16所示。

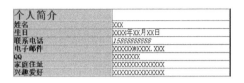

图1.1.14 设置了文字格式的表格

图1.1.15 文件工具栏

图1.1.16 制作好的表格

任务总结

通过任务的实现，了解网页的实质及对文本修饰的最基本方法。同时，对于Dreamweaver界面有了初步的了解，对于菜单栏、工具栏、属性面板等具有初步的印象。

任务二　制作"学校简介"

知识准备

在HTML文件中，是通过标签对网页中的元素进行标记的，绝大多数标签都是成对出现的。例如，对于title标签而言，开始标签为<title>，结束标签为</title>。一个标签的结束标记会比开始标记多一个"/"符号。只有很少一部分标签单独出现。不完整的标签往往会导致网页不能够正常显示。

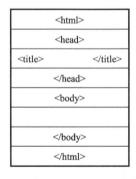

一般一个HTML文件必须以< html >开始，以</ html >结束。
<head></head>标签对表示网页的头部。
<title></title>标签对表示网页的标题。

<body></body>标签对表示网页的主体内容,也称为体部。

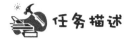

任务描述

根据学校对外宣传的需要,育才学校网站需要设计一个学校简介的页面。要求页面主次分明,有标题,有正文。为方便读者阅读,正文要求用更大的字体和更鲜艳的颜色。请网站管理人员设计一个学校简介的页面,以便将学校网站改版成动态页设立一个模板或标准。

项目实施

步骤 1:新建一个 HTML 网页,名为"JianJieXX.html",保存到自己指定的目录下,如"项目 1"文件夹内。

步骤 2:切换到代码视图,如图 1.2.1 所示。

```
1  <!DOCTYPE html PUBLIC "-//W3C//DTD XHTML 1.0 Transitional//EN" "http://w
2  <html xmlns="http://www.w3.org/1999/xhtml">
3  <head>
4  <meta http-equiv="Content-Type" content="text/html; charset=gb2312" />
5  <title>无标题文档</title>
6  </head>
7  
8  <body>
9  </body>
10 </html>
```

图 1.2.1 代码视图 1

图中的代码为新建一个 HTML 网页时自动产生的代码。这些代码是一个标准 HTML 网页的最基本组成代码。

第 1 行代码位于文件中最前面的位置,是对于文件类型的声明,此标签可通知浏览器文件使用哪种 HTML 或 XHTML 规范。此行语句一般不需要网页设计人员进行更改。

头部<head>标签中间,一般用于存放网页的标题、引用的 CSS 样式表或网页中引用的其他代码。

一般只有在<body>与</body>内的文字或代码才会在网页中显示。而且绝大多数的内容也都会在体部。如果没有特殊强调,一个网页设计的所有内容都需要在</body>标签对内部完成。

> ■小贴士:网页代码
>
> 在一个网页中有些代码是唯一的,即只出现一次,如<html></html>、<head></head>、<title></title>、<body></body>。

步骤 3:切换到网页设计视图。在设计页面内输入"学校简介"四个字,如图 1.2.2 所示。。

图 1.2.2 设计视图 1

再次切换到代码视图，可以看到如图 12.3 所示代码。

图 1.2.3　代码视图 2

步骤 4：切换到设计视图，输入一段文字，或者打开素材文件，如"项目 1\简介.txt"，并把简介中的文字复制到当前网页中，如图 1.2.4 所示。

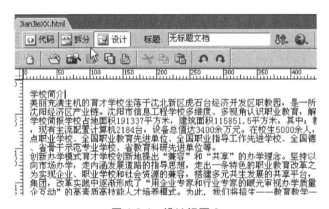

图 1.2.4　设计视图 2

步骤 5：单击学校简介后，将闪烁的插入光标停留在学校简介后，单击键盘上的"Enter"键，结果如图 1.2.5 所示。

图 1.2.5　添加回车换行的效果

查看代码，会发现在学校简介的前后分别加入了<p>与</p>标签，如图 1.2.6 所示。

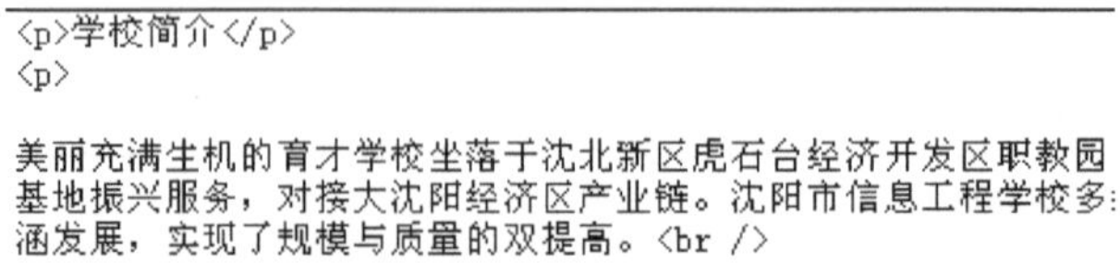

```
<p>学校简介</p>
<p>
美丽充满生机的育才学校坐落于沈北新区虎石台经济开发区职教园
基地振兴服务，对接大沈阳经济区产业链。沈阳市信息工程学校多
涵发展，实现了规模与质量的双提高。<br />
```

图 1.2.6　添加回车换行后的代码

■小贴士：<p></p>标签

  <p></p>标签对在 HTML 语言中是段落标签，为区分两段不同的内容，一般在两段内容之间会有一个空行出现。

步骤 6：切换到设计视图，用分段的方法把文章分成 6 个段落，如图 1.2.7 所示。

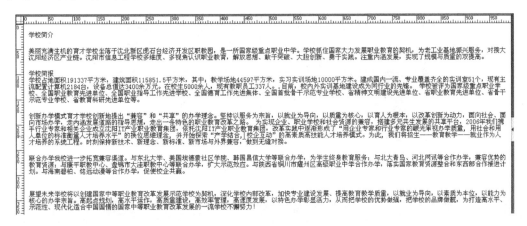

图 1.2.7 设计视图 3

步骤 7：将插入光标停留在"学校简报"的后面，选择"插入"→"HTML"→"特殊字符"→"换行符"选项（或者用"Shift+Enter"组合键，即按住"Shift"键不放，再按"Enter"键，如图 1.2.8 所示。

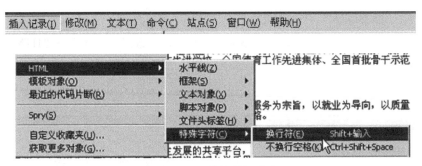

图 1.2.8 "换行符"选项

效果如图 1.2.9 所示。

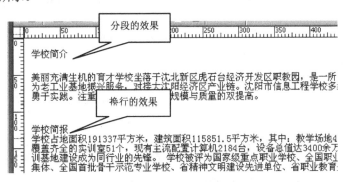

图 1.2.9 设计视图 4

从图 1.2.9 中可以看到,"学校简介"与"学校简报"后面的格式不同。在 HTML 语言中,对文本的划分一般分为两种模式,一种是分段模式,另一种是换行模式。两者的区别是,换行模式仅是简单的换行,而分段模式会在两个段落之间产生空行。分段的方法是在需要分段处单击"Enter"键,换行的方法是在需要换行处单击"Shift+Enter"组合键。

切换到代码视图,会发现在"学校简报"后加入了换行标签</br>,如图 1.2.10 所示。

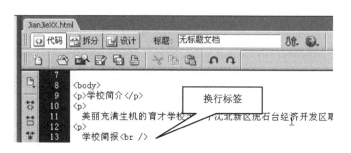

图 1.2.10 代码视图 3

■小贴士:
标签

标签在 HTML 语言中是换行的标志,与其他标签不同,这个标签不成对出现,仅单独出现,在有些版本中也表示为
。在换行时可以通过菜单的方式来实现,也可以通过快捷键的方式出现,还可以通过代码窗口直接输入代码来实现。

步骤 8:用同样的操作,提取各段的标题,并在标题后面换行。各段的标题分别为"学校简报"、"创新办学模式"、"联合办学"、"展望未来"。

步骤 9:将插入光标定位在第二段"美丽充满生机"前,选择"插入"→"HTML"→"特殊字符"→"不换行空格"选项,再重复做三次,如图 1.2.11 所示。也可以使用"Ctrl+Shift+Space"组合键为第二段插入段前空格。

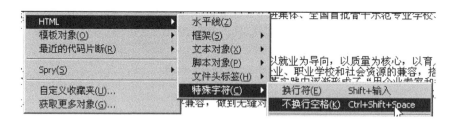

图 1.2.11 "不换行空格"选项

效果如图 1.2.12 所示。

图 1.2.12 设计视图 5

切换到代码视图,可以看到在第二段前新增加了 4 个 标签。在浏览器中浏览 HTML 代码时,往往会忽略连续的空格。有时需要在浏览器中体现出空格的效果,则必须人为地添加空格标签。代码的效果如图 1.2.13 所示。

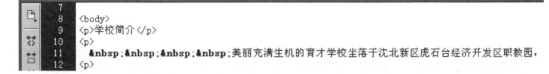

图 1.2.13　代码视图 4

■小贴士: 标签

 标签在 HTML 语言中是空格的标志,空格标签也是单独出现,而不是成对出现的。一般一个 标签在 HTML 中代表一个英文的空格,由于中、英文编码的原因,一个英文的空格相当于半个汉字的位置。即当需要保留两个汉字的空格时,需要输入四个连续的 标签。

步骤 10:依次为各需要的段落添加空格标签。

步骤 11:切换到设计视图,选择"学校简介"文字,选择"插入"→"HTML"→"文本对象"→"标题 1"选项,如图 1.2.14 所示。

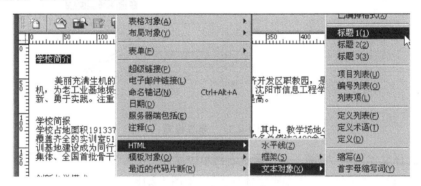

图 1.2.14　"标题 1"选项

效果如图 1.2.15 所示。

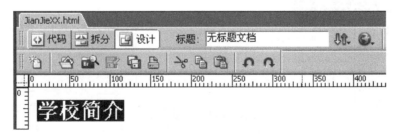

图 1.2.15　设计视图 6

代码如图 1.2.16 所示。

图 1.2.16　代码视图 5

■小贴士：　<h1></h1>标签

<h1></h1>标签对在 HTML 语言中是标题的标志。在 HTML 语言中，共有 6 级标题，分别是 h1～h6，h1 为一级标题，为字号最大的标题，h6 是字号最小的标题，标题用加粗的字体修饰来体现。如果需要其他更大字体的标题，或者具有特殊效果的标题，则需要网页设计者通过 CSS 样式表的方式来解决。

步骤 12：选择文字"学校简介"，用鼠标右键单击属性，在属性面板中将其设置为中间对齐。效果如图 1.2.17 所示。

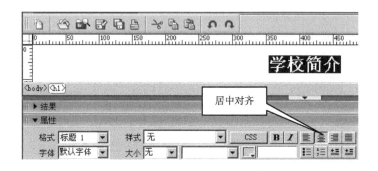

图 1.2.17　属性设置

步骤 13：选择文字"学校简报"，用鼠标右键单击属性，在属性面板中设置为加粗，字体大小为 24。在属性面板上设置"字体"→"编辑字体列表"，如图 1.2.18 所示。

图 1.2.18　编辑字体列表

在"编辑字体列表"对话框的右下侧"可用字体"列表框内选择合适的字体，添加到左下侧"选择的字体"中。在上面"字体列表"列表框中则会生成相应的字体列表，如图 1.2.19 所示。

图 1.2.19　选择字体

单击"确定"按钮后，在属性面板中为"学校简报"选择刚刚设置的字体列表，如图 1.2.20 所示。

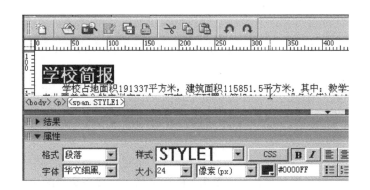

图 1.2.20　字体设置后的效果

在属性面板中设置"学校简报"前景色为蓝色，在样式列表中系统会自动生成一个 STYLE1 的 CSS 样式表。

■小贴士：字体列表

字体列表是 HTML 中一种特殊的设置字体的方式，在这种方式下，同一段文字可以设置为多种字体，根据客户端浏览器的特性，系统会优先选用前面的字体作为浏览时的字体显示效果。当前面的字体在系统中不存在时，会依次选择后面的字体。如果所有列表中的字体都不存在，则会使用操作系统默认的字体。因此，在设置字体列表时应首选那些在操作系统默认安装模式下会存在的字体。在系统中默认没有关于汉字的列表，一般都需要手工创建。

步骤 14：选择"创新办学模式"，在属性面板中选择样式"STYLE1"，则"创新办学模式"的格式与"学校简报"相同，效果如图 1.2.21 所示。

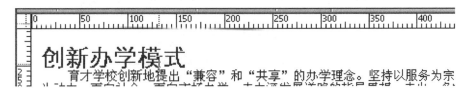

图 1.2.21　字体效果

依次设置"联合办学"与"展望未来"的样式,均为"STYLE1"。

■小贴士：CSS 样式表

样式表一旦生成,在其他需要设置为相同格式的时候,可以通过属性面板直接应用。

步骤 15：选择"美丽充满生机……"一段,设置字体大小为 16,字体为"华文细黑"与"华文新魏"。系统会自动生成样式表"STYLE2"。

步骤 16：依次选择下面各段文字,分别应用样式表"STYLE2"。

步骤 17：整体效果如图 1.2.22 所示。

图 1.2.22　整体效果

步骤 18：将光标定位在文章的结尾处,单击"Enter"键,生成一个新的段落,在段落内输入"版权所有育才学校"。选择此行文字,通过属性面板,设置为居中对齐,设置样式为"STYLE2",如图 1.2.23 所示。

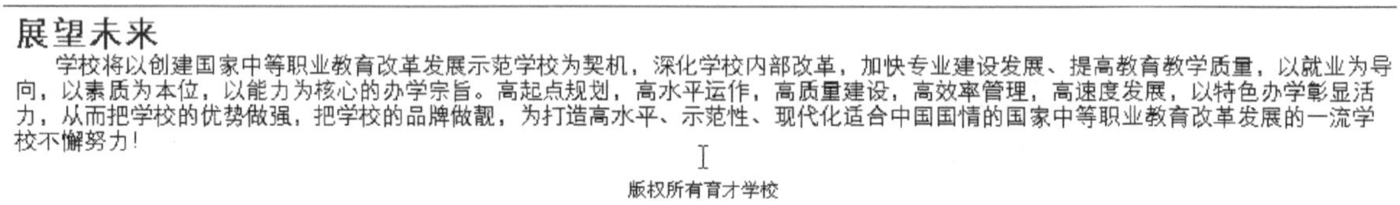

图 1.2.23　文字设计效果

步骤 19：将光标定位在"版权所有"后面,选择"插入"→"HTML"→"特殊字符"→"版权"选项,插入版权符号,如图 1.2.24 所示。

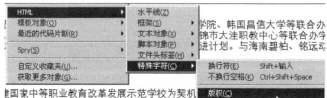

图 1.2.24　"版权"选项

效果如图 1.2.25 所示。

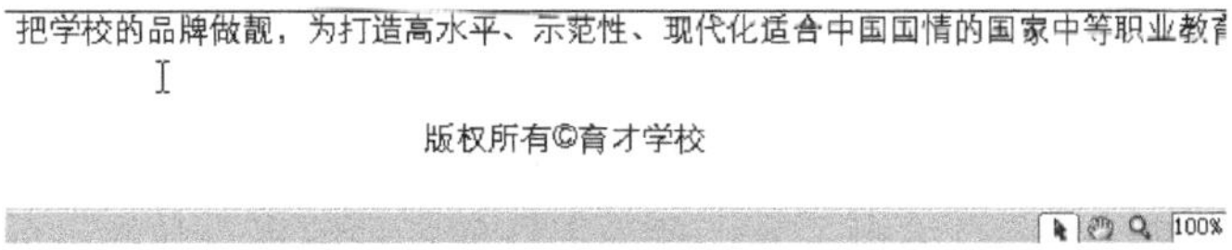

图 1.2.25 文字效果

步骤 20：将光标定位在"版权所有"上方，选择"插入"→"HTML"→"水平线"选项，如图 1.2.26 所示。

图 1.2.26 "水平线"选项

在"版权所有"上方生成一条水平线，在浏览器中浏览，最终效果如图 1.2.27 所示。

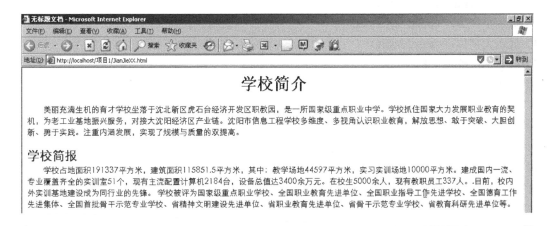

图 1.2.27 最终效果

知识拓展

在实际应用中，熟练掌握 HTML 代码后，所有的 HTML 功能和代码都可以直接在代码窗口输入。或者说，Dreamweaver 仅仅是一个编辑工具。理论上任何一种编辑工具都可以用来制作网页，包括 Windows 自带的记事本工具。

文字修饰相关的 HTML 代码如下所述。

1）标题文字：<h#>...</h#>

其中，#=1~6，h1 为最大字，h6 为最小字。

2）字体变化：<font>...</font>

（1）字体大小：<font size=#>...</font>

其中，#=1~7，数字越大字也越大。

（2）指定字形：<font face="字体名称">...</font>

（3）文字颜色：<font color=#rrggbb>...</font>

其中，rrggbb 这 6 个字母，每个字母代表一位十六进制数，如红色可以表示为#FF0000，绿色可以表示为#00FF00，蓝色可以表示为#0000FF。也可以按实际需要依据光学的三原色原理，调节对应的数值，产生网页中需要体现的其他颜色。

3）显示小字体：<small>...</small>

4）显示大字体：<big>...</big>

5）粗体字：...

6）斜体字：<i>...</i>

7）打字机字体：<tt>...</tt>

8）底线：<u>...</u>

9）删除线：<strike>...</strike>

10）下标字：_{...}

11）上标字：^{...}

12）文字闪烁效果：<blink>...</blink>

13）换行（也称回车）：

14）分段：<p>

15）文字的对齐方向：<p align="#">

其中，#号可为 left，表示向左对齐（预设值）；center，表示居中对齐；right，表示向右对齐。<p align="#">之后的文字都会以所设的对齐方式显示，直到出现另一个<p align="#">改变其对齐方向，遇到<hr>或<h#>标签时会自动设回预设的向左对齐。

16）分隔线：<hr>

（1）分隔线的粗细：<hr size=点数>

（2）分隔线的宽度：<hr size=点数或百分比>

（3）分隔线对齐方向：<hr align="#">

其中，#号可为 left，表示向左对齐（预设值）；center，表示居中对齐；right，表示向右对齐。

（4）分隔线的颜色：<hr color=#rrggbb>

（5）实心分隔线：<hr noshade>

17）居中对齐：<center>...</center>

18）依原始样式显示：<pre>...</pre>

19）指令的属性：<body>...</body>
（1）背景颜色：bgcolor <body bgcolor=#rrggbb>
（2）背景图案：background <body background="图形文件名">
（3）设定背景图案不会卷动：bgproperties <body bgproperties=fixed>
（4）文件内容文字的颜色：text <body text=#rrggbb>
（5）超链接文字颜色：link <body link=#rrggbb>
（6）正被选取的超链接文字颜色：vlink <body vlink=#rrggbb>
（7）已链接过的超链接文字颜色：alink <body alink=#rrggbb>
20）文字移动指令：MARQUEE>...</MARQUEE>
（1）移动速度指令：scrollAmount=#
其中，#最小是1，表示速度为最慢；数字越大移动得越快。
（2）移动方向指令：direction=#
其中，#号可为up向上；down向下；left向左；right向右。
指令举例：
`<MARQUEE scrollAmount=3 direction=up>文字内容...</MARQUEE>`

 任务总结

通过任务的完成掌握HTML中对网页中文字的修饰方法，一般包括文字的字体、文字字号的大小、文字的颜色等信息。其中，文字的字体在设置前需要设置字体的列表。在Dreamweaver中，当对某部分文字进行设置后，往往会自动生成一些CSS样式表，这些样式表为内部样式表，在其他文字需要设置相同格式时，可以直接使用这些样式表。使用样式表，可以节省对文件格式设置的时间，也便于后期修改。一般修改一种样式表，所有与这种样式相关的字符格式都会改变。

任务三　利用站点管理网页

知识准备

打开Dreamweaver软件，把站点相关的素材资源放到指定的文件夹内。

项目实施

 任务描述

在进行网站设计时，一个网站中的网页、图片及网站内的其他资源会很多，这些零散的资源如果仅利用系统的资源管理器来管理会比较零乱。在Dreamweaver中可以利用站点的模式来进行管理。因此，在对一个网站进行修改或设计时，首先需要建立站点。要求网站设计人员建立一个方便育才学校网站进行修改的站点。

操作方法

为了便于对网站中大量文件进行管理，在Dreamweaver中提供了建立站点的方式。在站点中可以

方便管理网站中的静态页面、动态页面及相关的其他资源。

步骤 1：建立站点。

选择"站点"→"新建站点"选项，如图 1.3.1 所示。

设定站点的名称，如 yucai，单击"下一步"按钮，如图 1.3.2 所示。

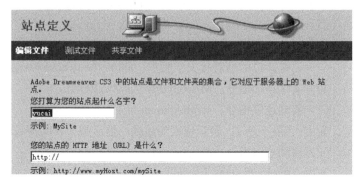

图 1.3.1　"站点"菜单　　　　　　　　　　　图 1.3.2　站点定义 1

选择"否，我不想使用服务器技术。"→"下一步"按钮，如图 1.3.3 所示。

选择"编辑我的计算机上的本地副本，完成后再上传到服务器（推荐）"单选按钮并设定文件存储目录，如图 1.3.4 所示，单击"下一步"按钮。

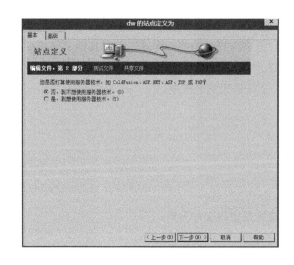 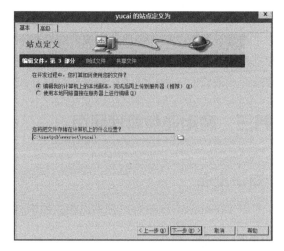

图 1.3.3　站点定义 2　　　　　　　　　　　图 1.3.4　选择目录

设定远程服务器连接方式，如图 1.3.5 所示，单击"下一步"按钮。

如果本地测试选择不使用远程服务器，则选择"否"单选按钮，如图 1.3.6 所示，单击"下一步"按钮。

最后单击"完成"按钮，完成站点的建立。在右侧的文件面板上，可以查看到本站点中的所有文件和资源，如图 1.3.7 所示。

步骤 2：文件的测试。

双击图 1.3.7 中的"项目 1\JianJie.html"，打开"个人简介"的设计页面。选择文件工具栏上的"浏览调试按钮"　　。（或者按键盘上的"F12"键）。在 IE 或其他浏览器中查看最后的效果，如图 1.3.8 所示。

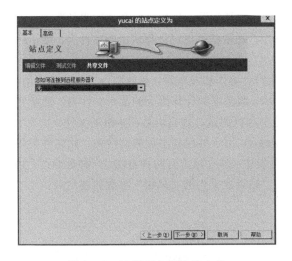

图 1.3.5　远程服务器连接方式

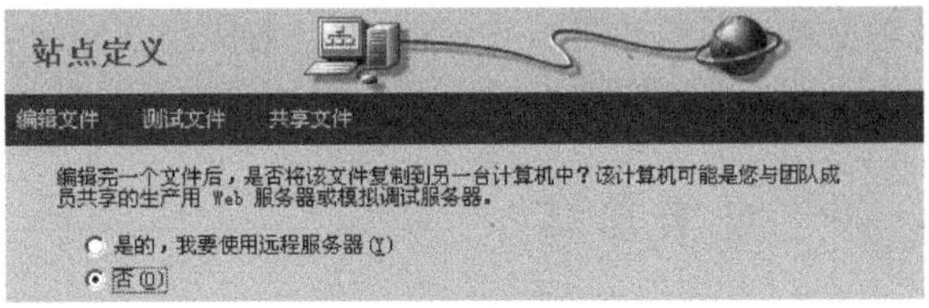

图 1.3.6　调试方式

图 1.3.7　站点目录结构

图 1.3.8　网页浏览效果

知识拓展

网站的所有东西合起来，叫站点，这里包括一个网站的所有网页、素材和它们之间的联系（链接）。管理站点是 Dreamweaver 软件的一大特色，也是它区别于其他网页编辑软件的一大亮点。

（1）通过站点，可以使用 Dreamweaver 高级功能。例如，在新建页面时可以使用 Dreamweaver 预载的模板，如页面设计（CSS）、入门页面、页面设计（有辅助功能的）等。这些都是需要在 Dreamweaver 中建立站点后才能使用的。

（2）建立站点，可以对站点里的网页中断掉的链接进行检查，即坏链检查。

（3）建立站点，可以生成站点报告，对站点中的文件形成预览。

（4）建立站点，并添加 FTP 信息，可以直接使用 Dreamweaver 将网页上传到服务器空间中。

（5）建立站点，并建立本地测试环境，可以调试动态脚本。

（6）最关键的是建立站点后，可以形成清晰的站点组织结构图，对站点结构了如指掌，方便增减站点文件夹及文件等。

在 Dreamweaver 中建立的站点一般都是本地站点，站点的文件都存在本地计算机中，然后通过 Dreamweaver 站点管理提供的功能对这些文件跟踪、维护链接、共享文件，以及将站点文件传输到 Web 服务器中。

关于 Dreamweaver 站点所需要介绍的内容包括三部分：本地视图、远程视图和测试服务器。

本地视图是工作目录，就是 Dreamweaver 的本地站点，通常就是自己计算机上的文件夹，用于存储网页文件等内容。

远程视图是存储文件的位置，这些文件用于测试、生产、协作和发布等，具体取决于测试的环境。Dreamweaver 将此视图称为远程站点，远程视图是运行 Web 服务器的计算机上的某个文件夹，通常它是网络中可被公开访问的计算机（即服务器）。但如果是在本机调试，则它也是在本机的文件夹。

动态页文件夹（"测试服务器"文件夹）是 Dreamweaver 用于处理动态页的文件夹。此文件夹与远程文件夹通常是同一个文件夹，一般应用在网站后台开发中。建立站点有两种方法，一种是通过"站点定义向导"设置 Dreamweaver 站点，另外一种是通过"站点定义"的"高级"设置新建站点。

 任务总结

通过对站点的制作，掌握 Dreamweaver 中站点的概念。在 Dreamweaver 中进行网页设计时，站点是一个最基本的，也是最经常用到的资源管理方式。这是一个网站设计人员必须掌握的知识点。

课外习题

选择题

1. 在 Dreamweaver 中，创建好了一个本地站点，要对站点进行管理和维护，需执行（　　）命令。
   A．"文件"→"管理站点"　　　　　　　B．"站点"→"管理站点"
   C．"插入"→"管理站点"　　　　　　　D．"编辑"→"管理站点"
2. 目前在 Internet 上应用最广泛的服务是（　　）。
   A．FTP 服务　　　　　　　　　　　　B．WWW 服务
   C．Telnet 服务　　　　　　　　　　　D．Gopher 服务
3. 网页的主体内容将写在（　　）标签内部。
   A．<body>　　　　　　　　　　　　　B．<head>
   C．<html>　　　　　　　　　　　　　D．<p>
4. 在网页设计中，（　　）是所有页面中的重中之重，是一个网站的灵魂所在。
   A．引导页　　　　　　　　　　　　　B．脚本页面
   C．导航栏　　　　　　　　　　　　　D．主页面
5. Dreamweaver 文本输入和属性设置的内容有（　　）。
   A．文本的输入　　　　　　　　　　　B．文本字体的设置
   C．文本字体大小的设置　　　　　　　D．文本颜色的设置

项目二 制作"学校概况"

核心技术

◆ 了解网页中的文本样式
◆ 应用图片和多媒体丰富页面内容

任务目标

◆ 任务一：网页中的文本
◆ 任务二：利用图文混排制作漂亮网页

知识摘要

◆ 文本的基本操作
◆ 插入特殊文本对象
◆ 项目符号和项目列表
◆ 插入与设置图像

项目背景

某公司招聘网页设计师,需要经过技能考试竞争上岗,要求利用 Dreamweaver 软件完成"学校概况"的制作。"学校概况"网页要求图文并茂,各位应聘人员在规定的时间内完成本项目制作,择优录用。

项目分析

本项目包含了文本的插入及属性设置,包括文本的基本设置、特殊文本、项目列表、图片的插入及属性设置、Flash 多媒体文件的插入。

(1)文本的基本设置:网页中常用的字体为宋体,字体大小为 12px。导航的字体大小及颜色可根据网站大小进行相应调试。

(2)特殊文本:在网页中有一些特殊符号,如版权符号©、不换行空格等是无法直接通过键盘输入的,所以需要通过特殊文本来实现。

(3)图片的插入及属性设置:导入素材中的图片文件,设置其对齐方式来调节位置。

项目目标

通过任务的展开,详细阐述了文本、图片的使用方法,以及属性的设置方法。

任务一　网页中的文本

知识准备

(1)页面属性。
(2)段落属性:
- 段落格式和对齐方式;
- 空格、缩进和凸出;
- 列表和水平线。

(3)文本属性:
- 文本的字体、大小、颜色和样式;
- 日期文本。

项目实施

为了让学校的校园网能够有一个美观的界面,需要对网页中的文字进行格式规划,并根据需要为网页中添加恰当的图片,以使页面美观、规范、内容充实。

在 Dreamweaver 中打开网页"项目 2\JianJie2.html",如图 2.1.1 所示。

图 2.1.1 页面布局效果

操作方法

步骤 1：设置导航文字。

（1）将鼠标光标放置在导航栏的位置，直接在页面中输入导航文字，如图 2.1.2 所示。

图 2.1.2 页面顶部

（2）选中导航中的文字，在属性面板中设置字体大小为 12px，颜色为#000000，水平对齐方式为"居中对齐"，如图 2.1.3 所示。

图 2.1.3 文字效果

步骤 2：设置栏目导航。

（1）将鼠标光标放置在栏目导航标题的位置，输入文字"栏目导航"，在属性面板中设置字体大小为 14px，颜色为黑色，水平对齐方式为"居中对齐"，单击 **B** 按钮，设置为粗体，如图 2.1.4 所示。

图 2.1.4　输入文字"栏目导航"

（2）将鼠标光标放置在导航列表位置，输入导航列表文字，如图 2.1.5 所示。

（3）项目列表属性设置完成后，效果如图 2.1.6 所示。

图 2.1.5　列表文字　　　　　　　图 2.1.6　列表效果

步骤 3：设置"学校简介"正文。

（1）在正文的左上方输入"本站首页"→"学校简介"，在属性面板设置字体大小为 12px，颜色为#006600，粗体，如图 2.1.7 所示。

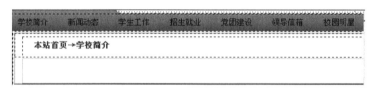

图 2.1.7　设置文字属性

（2）打开"学校简介.txt"文件，选择所有文字，单击鼠标右键，从弹出的快捷菜单中选择"复制"选项，复制所有文字，回到 Dreamweaver 中，将鼠标光标放置在正文内容的位置，单击鼠标右键，从弹出的快捷菜单中选择"粘贴"选项，粘贴所有文字到页面中，如图 2.1.8 所示。

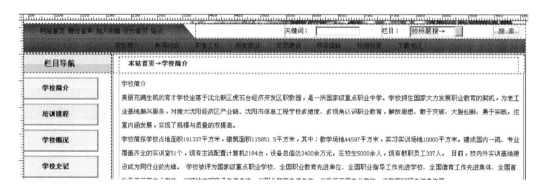

图 2.1.8　设计视图

（3）在"学校简介"后单击"Enter"键，把"学校简介"划分为单独的段落，选择"学校简介"，在属性面板中设置居中对齐,选择菜单"插入记录"→"HTML"→"文本对象"→"h1"选项,设置格式为h1,效果如图2.1.9所示。

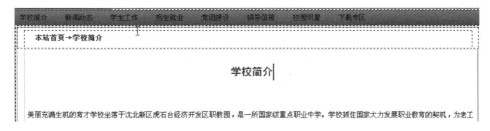

图 2.1.9 标题效果

同样,设置"学校简报"、"创新办学模式"、"联合办学"、"展望未来"为h2,居中对齐。

(4)将鼠标光标放置在段落的起始位置,选择菜单"插入记录"→"HTML"→"特殊符号"→"不换行空格(k)"选项,插入4个空格,设置段落首行缩进2个字符,效果如图2.1.10所示。

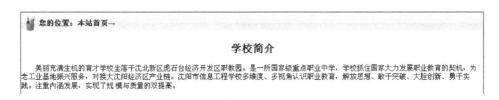

图 2.1.10 设置首行缩进

步骤4:设置脚注文字。

(1)在脚注部分输入脚注信息,如图2.1.11所示。

图 2.1.11 脚注信息

(2)为脚注文本添加版权符号、空格。

选择"插入记录"→"HTML"→"特殊符号"→"版权©、空格"选项,效果如图2.1.12所示。

图 2.1.12 设置版权信息

（3）选择脚注文字内容，在其属性面板中设置字体大小为 12px，颜色为#000000，水平方向为居中对齐，垂直方向为顶端对齐。选择"育才网络"，单击属性面板中的 **B** 按钮，设置为粗体，最终效果如图 2.1.13 所示。

图 2.1.13　最终效果

步骤 5：添加无序列表。

（1）将光标定位在"学校简介"的下一行。输入"学校简报"，在后面单击"Enter"键，划分段落，如图 2.1.14 所示。

图 2.1.14　添加文字

（2）选择"学校简报"，选择"插入记录"→"HTML"→"文本对象"→"项目列表"。切换到代码视图，如图 2.1.15 所示。

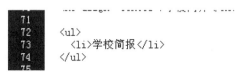

图 2.1.15　代码视图

（3）切换到设计视图，在"学校简报"后面单击"Enter"键，增加其他列表项，如图 2.1.16 所示。

图 2.1.16　列表效果

列表代码如图 2.1.17 所示。

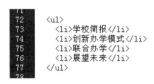

图 2.1.17　列表代码

最后网页浏览效果如图 2.1.18 所示。

图 2.1.18　网页浏览效果

知识拓展

HTML 中的列表

在 HTML 中的列表常用的主要有两种类型：无序列表、有序列表。

通过列表可以对同类的内容进行简单的归纳。常见的用途有：图书目录、饭店菜单、人员名单、待办事宜等。这些信息大多不是大篇的信息内容，而是简要的标题。

1．无序列表

一般指信息在列表项中不需要设定特殊的次序，与集合中的元素类似。

无序列表有两个部分，一个是最外面的一个标签<ul></ul>，一个是里面的内容<li></li>。可以理解为<li></li>是一个个标准化的小盒子，主要存放列表信息，而<ul></ul>则是个大箱子，它的作用就是存放小盒子。这样的层次结构便于对列表的管理。

2．有序列表

信息有时是无序归纳的，有时却有明确的顺序，如操作步骤、排行榜、书目录等。面对这些有顺序或是有数字注明排序的内容时，大多是在数据前自行加上一个数值。在 HTML 中，这些序号会根据列表项的数目和位置自动产生。

有序列表与无序列表的形式基本相同，只是外围标签名称不同。无序是<ul>，有序是<ol>。所不同的是有序列表将会比无序列表有更多的标签属性。

属　性	说　明
ul	定义无序列表
ol	定义有序列表
li	定义列表中的列表项元素

任务总结

任务一主要让大家学习文本插入及属性设置，其中包括普通文本与特殊符号的插入、文本的基本属性设置、项目列表的应用，这些基本操作都是以后网站制作中经常应用的。

任务二　利用图文混排制作漂亮网页

知识准备

（1）使用图像。
（2）图像常用格式：*.gif、*.jpg、*.png。
（3）设置网页背景。
（4）插入和设置图像。
（5）插入图像和占位符。

项目实施

任务描述

为构建好的校园网添加图片，以实现页面图片的美化。

操作方法

步骤 1：在 Dreamweaver 中打开相关网页"项目 2\fengguang.html"，如图 2.2.1 所示。

图 2.2.1　设计视图 1

步骤 2：将光标定位在网页的最上端，在设计视图底部选择<td>标签，然后选择属性面板上的"背景选择"按钮，如图 2.2.2 所示。

图 2.2.2　属性面板

在弹出的对话框中选择要插入的图片"项目 2\images\banner.jpg",然后单击"确定"按钮,效果如图 2.2.3 所示。

图 2.2.3　设计视图 2

步骤 3:同样设置左侧分类导航"栏目导航"、"点击排行"的背景为"项目 2\images\list_r2_c2.jpg",设置后的分类导航如图 2.2.4 所示。

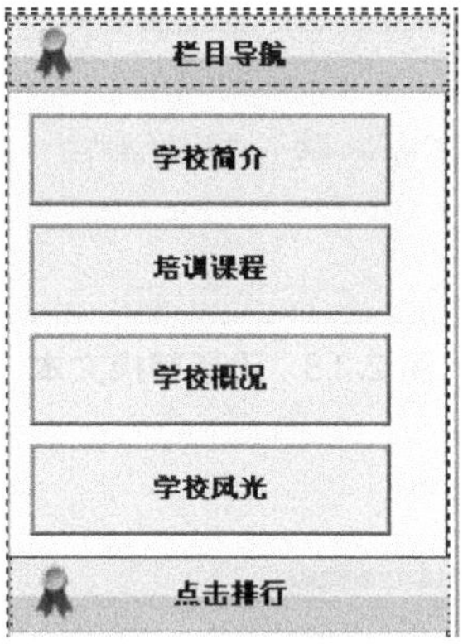

图 2.2.4　导航工具栏

设置底部单元格的背景为"项目 2\images\index_r20_c2.jpg",设置的效果如图 2.2.5 所示。

图 2.2.5　网页底部效果

步骤 4:将光标定位在"规模与质量的双提高。"后,单击"Enter"键。选择常用工具栏上的"图像"工具，如图 2.2.6 所示。

图 2.2.6　常用工具栏

在对话框中选择图片"项目 2\images\xxfg.jpg",如图 2.2.7 所示。设置图片的"替换文本"为"学校的风景图片",如图 2.2.8 所示。

图 2.2.7　选择图片

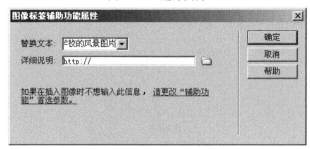

图 2.2.8　设置替换文本

插入图片后的效果如图 2.2.9 所示。

图 2.2.9　插入图片后的效果

选择插入的图片,在属性面板上设置图片的宽度与高度,对齐方式为居中对齐,如图 2.2.10 所示。

图 2.2.10　设置图片的属性

最终效果如图 2.2.11 所示。

项目二 制作"学校概况" / 31

图 2.2.11 网页最终效果

知识拓展

图片格式

网页中常用的图片格式主要有*.jpg、*.gif、*.png、*.bmp 等几种。

　　.jpg/.jpeg 格式是目前 Internet 中很受欢迎的图像格式，其特点是展现的色彩丰富，可支持多达约 $16×10^6$ 种颜色。它能展现丰富生动的图像，还可以选择不同的压缩比。但压缩方式是以损失图像质量为代价的，压缩比越高，图像质量损失越大，图像文件也就越小。

　　.bmp 格式是目前流行的 Windows 支持的图片格式，一般情况下，同一图像的.bmp 格式的大小是*.jpeg 格式的 5～10 倍。而*.gif 格式最多只能是 256 色，因此载入 256 色以上图像的*.jpeg 格式成为 Internet 中最受欢迎的图像格式。当网页中需要载入一个较大的*.gif 或*.jpeg 图像文件时，装载速度会很慢。为改善网页的视觉效果，可以在载入时设置隔行扫描。隔行扫描在显示图像过程中开始看起来非常模糊，之后细节才逐渐添加上去，直到图像完全显示出来。

　　.gif 格式的特点是压缩比高，磁盘空间占用较少，所以这种图像格式迅速得到了广泛应用。.gif 分两种版本：*.gif87a（只是简单地用来存储单幅静止图像），*.gif89a（可以同时存储若干幅静止图像，进而形成连续的动画，使之成为支持 2D 动画的格式）。*.gif 可指定透明区域，使图像具有非同一般的显示效果，这更使*.gif 风光十足。目前 Internet 上大量采用的彩色动画文件多为这种格式的文件。

.gif 图像格式还增加了渐显方式，在图像传输过程中，用户可以先看到图像的大致轮廓，然后随着传输过程的继续而逐步看清图像中的细节部分，从而适应了用户"从朦胧到清晰"的观赏心理。由于 8 位存储格式的限制，使其不能存储超过 256 色的图像，最适合在图片颜色总数少于 256 色时使用。.gif 格式体积小，而且清晰度非常高。

　　.png 是一种可携式网络图像格式。.png 一开始便结合*.gif 及*.jpg 两家之长，打算一举取代这两种格式。大部分绘图软件和浏览器都支持*.png 格式的图像浏览。IE 浏览器从 4.0 版本开始支持*.png 格式的图像浏览。*.png 的主要特点如下所述。

　　特点 1：兼有*.gif 和*.jpg 的色彩模式。*.gif 格式的图像采用了 256 色以下的 index color 色彩模式，*.jpg 采用的是 24 位真彩模式。*.png 不仅能存储 256 色以下的 index color 图像，还能储存 24 位真彩图像，甚至最高可存储 48 位超强色彩图像。

　　特点 2：*.png 能把图像文件压缩到极限，以利于网络传输，但又能保留所有与图像品质有关的信息。如果图像是以文字、形状及线条为主，那么，*.png 会用类似*.gif 的压缩方法得到较好的压缩率，而且不破坏原始图像的任何细节。而对于相片品质一类的压缩，*.png 则采用类似*.jpg 的压缩演算法。*.png 不同于*.jpg 的地方在于，它处理相片类图像时采用非破坏性压缩，图像压缩后的质量与压缩前质量一致，没有一点失真。

　　特点 3：更优化的传输显示。*.gif 图像有两种模式——normal（普通）模式和 interlaced（交错）模式。interlaced 模式更适用于网络传输。在传送图像过程中，浏览者先看到图像的大致轮廓，然后再慢慢清晰。*.png 也采取了 interlaced 模式，使图像以水平及垂直方式显像在屏幕上，加快了下载的速度。

　　特点 4：支持图像透明显示。*.gif 格式虽然也支持透明显示，但采用*.gif 格式透明图像过于刻板，因为*.gif 透明图像只有 1 与 0 的透明信息，即只有透明或不透明两种选择，没有层次。而*.png 提供了 α 频段 0～255 的透明信息，可以使图像的透明区域出现深度不同的层次。*.png 图像可以让图像覆盖在任何背景上都看不到接缝，改善了*.gif 透明图像描边不佳的问题。

　　特点 5：兼容性较好。*.gif 图像在不同系统上所显示的画面也会随之不一样，但*.png 却可以让用户在 Macintosh 上制作的图像与在 Windows 上所显示的图像完全相同，反之亦然。*.png 被设计成可以通过网络传送到任何机种及作业系统上读取。文字资料（如作者、出处）、存储遮罩（MASK）、伽马值、色彩校正码等信息均可掺杂在*.png 图像中一起传输。

 任务总结

　　任务二主要让大家学习图片插入及属性设置，这些图片的基本操作在网页的美化中是非常重要的。

课外习题

一、填空题

1. 网页中常用的图像格式：_____、_____、_____。
2. 在 Dreamweaver 中，插入空格的快捷键是_____。
3. 在 Dreamweaver 中，插入图像分为_____、_____两种。

二、选择题

1. 在 Dreamweaver 中，设置文本的属性，padding:0px 15px，表示（   ）。
　　A．文本框的上下内边距为 0，左右内边距为 15px
　　B．文本框的左右内边距为 15px，上下内边距为 0

C. 文本框的上下外边距为 0，左右外边距为 15px

D. 文本框的左右外边距为 15px，上下外边距为 0

2. 在无序列表中，列表项标记的类型不包括（　　）。

A. Disc　　B. Circle　　C. Square　　D. Triangle

3. 图形优化有很多种文件格式，其中（　　）用得最多。

A. jpg 和 tiff　　　　B. tiff 和 gif

C. png 和 jpg　　　　D. jpg 和 gif

4. （　　）是计算机中图像的主要表示方式。

A. 背景图像　　　　B. 位图图像

C. 矢量图像　　　　D. 动态图像

项目三　制作"学校新闻"

核心技术

- ◆ 熟悉网页中表格布局的方法
- ◆ 掌握表格的各种参数及使用方法
- ◆ 了解表格中常用的代码

任务目标

- ◆ 任务一：简单表格布局基本页面
- ◆ 任务二：嵌套表格布局复杂页面

知识摘要

- ◆ 表格的表现形式
- ◆ 表格的创建方法
- ◆ 表格及单元格的设置方法
- ◆ 单元格、行及表格的常用代码

项目背景

学校的网站要改版,需要重新设计一个新闻方面的布局页面,由两个页面构成,一个页面为新闻的列表清单,另一个页面为新闻的详细情况。要求利用Dreamweaver软件完成"校园新闻"静态页面的制作。

"校园新闻"网页要求图文并茂,可实现网页之间的跳转。要求校园网的网络管理员能够尽快完成。

项目分析

本项目包含了利用表格进行页面布局的方法。进行页面布局的方法有多种,如表格布局、框架布局、Div+CSS布局等。对于初学者来说,表格布局往往是最容易掌握的布局方法。

⚠注意:

在表格中虽然可以进行单元格的合并和拆分,但在不必要的情况下,不推荐使用这种方法进行页面的布局。因为这种布局方法,往往对后期布局的修改造成不利的影响。在需要合并或者拆分的情况下,推荐使用表格的嵌套来达到相同的效果。但嵌套的层次不建议太多,否则有可能会让布局页面过于复杂,可读性差,而且有可能会影响网页的浏览速度。

项目目标

通过任务的展开,介绍表格的基本概念,详细阐述对表格进行布局的形式,掌握简单表格布局的方法及利用表格的多重嵌套进行复杂布局的方法,在任务的进行中逐步掌握表格的要素及常用参数的使用方法,对表格组成的代码有初步的了解。

任务一 简单表格布局基本页面

知识准备

1. 表格简介

在Dreamweaver中,表格由行和列组成,一般行和列的交点称为一个单元格。如图3.1.1所示是一个三行四列的单元格,共有12个单元格。在进行页面布局的时候往往通过表格的单元格来控制不同内容的位置。表格与单元格的关系是整体与局部的关系,如同砌好的墙与砌墙的砖一样。

图 3.1.1 一个三行四列的表格

2. 表格的HIML代码

一个表由<table>开始,以</table>结束,表的内容由<tr>,<th>和<td>定义。<tr>说明表的一个行,表有多少行就有多少个<tr>;<th>说明表的列数和相应栏目的名称,有多少栏目就有多少个<th>;<td>则说明由<tr>和 <th>组成的表格。表格重要的基本标记不多,但每个标记都有很多属性。

如图 3.1.2 所示是一个三行四列的表格代码。其中," "代表此单元格内为空格。

图 3.1.2 一个表格的代码

■小贴士：单元格与

在 HTML 语言中，如果单元格内没有任何代码，则此单元格的边框一般不显示。考虑到美观方面的因素，当一个单元格内没有任何信息或者不需要信息的时候，一般插入空格符号（ ），来保证表格的完整和美观。

项目实施

利用表格为校园网的新闻详细内容页面进行布局，要求美观，并在布局的合适位置填上恰当的文字和图片。制作完成后的效果如图 3.1.3 所示。

图 3.1.3 制作完成后的页面效果

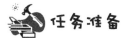

任务准备

如果 Dreamweaver 中没有站点，则利用 Dreamweaver 创建一个站点。

需要将素材"项目 3"放到站点中的"pic"文件夹下。

需要用到"项目 3\images"文件夹下的 show_01.gif、show_02.gif、show_03.gif、show_04.gif 图片。

保存的文件名为"show.htm"，文件格式要求为 HTML 静态页面。

素材如图 3.1.4～图 3.1.7 所示。

图 3.1.4 show_01.gif

图 3.1.5 show_02.gif   图 3.1.6 show_03.gif

图 3.1.7 show_04.gif

操作方法

步骤 1：新建一个 HTM 网页文件，保存名为 show.html。

步骤 2：单击常用工具栏 中的插入表格按钮 ，插入一个三行两列的表格，表格宽度为 1006，如图 3.1.8 所示。

图 3.1.8 表格参数

步骤 3：选择第一行的两个单元格，单击鼠标右键，从弹出的快捷菜单中选择"表格"→"合并单元格"选项，如图 3.1.9 所示。

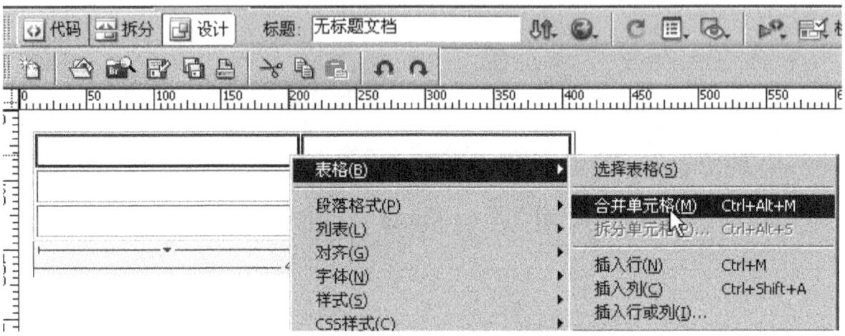

图 3.1.9 合并单元格

步骤 4：同样，合并第三行的两个单元格。

步骤 5：选择第一行合并的单元格，单击常用工具栏上的插入图片按钮，在弹出的对话框内选择"pic\项目 3\images"中的"show_01.gif"图片，然后单击"确定"按钮，如图 3.1.10 所示。

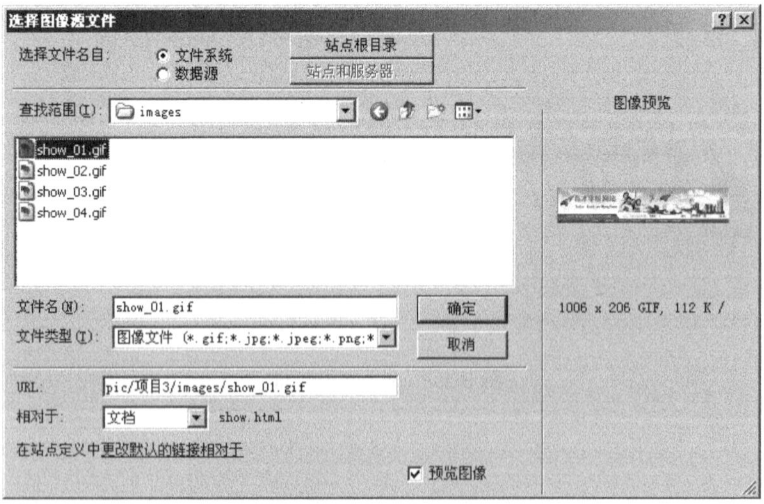

图 3.1.10 选择图片

步骤 6：同样，选择第三行合并后的单元格，插入图像"show_04.gif"。

步骤 7：选定第二行左侧的单元格，单击鼠标右键，在弹出的快捷菜单中选择"属性"选项，一般会在窗口下面显示属性面板。设置此单元格的属性，宽度设置为 205，如图 3.1.11 所示，并插入图像

"show_02.gif"。

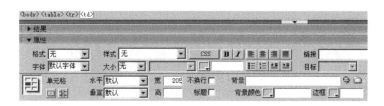

图 3.1.11 设置参数

步骤 8：选定第二行右侧的单元格，插入图片"show_03.gif"，效果如图 3.1.12 所示。

图 3.1.12 插入图片效果

步骤 9：调整表格的间距及页面的边距，选择设计视图下的<body>标签，单击"页面属性"按钮，如图 3.1.13 和图 3.1.14 所示。设置上、下、左、右边距均为 0 像素。

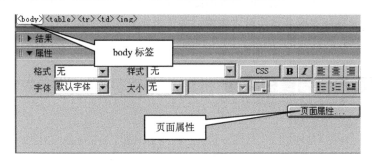

图 3.1.13 属性面板

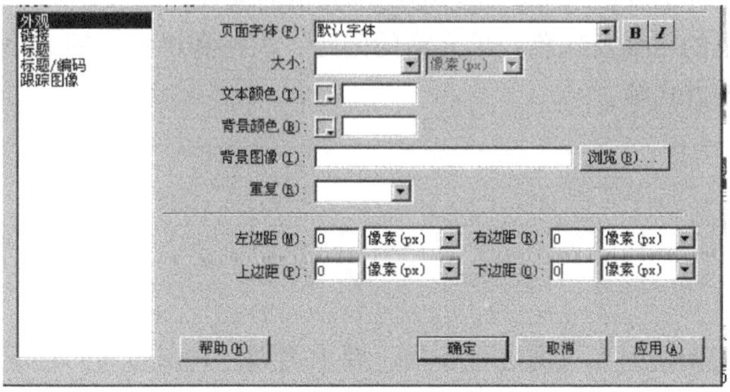

图 3.1.14 设置页面属性

步骤 10：选择<table>标签，将填充、间距、边框均设为 0，如图 3.1.15 所示。

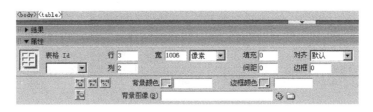

图 3.1.15　设置<table>标签属性

步骤 11：再次保存文件，单击文件工具栏上的浏览按钮 ，即可在浏览器中看到最后的效果，如图 3.1.16 所示。

图 3.1.16　网页效果预览

知识拓展

在 HTML 代码中，所有的标记性代码都可以写在单独的一行，也可以把所有的代码都写在同一行。但为了便于阅读代码，一般会根据理解的需要，适当调整标记性代码，一般把同一组代码放到同一行。存在嵌套关系时，一般嵌套在内部单元的代码会采用缩进的方式进行显示。

 任务总结

此任务主要让大家了解表格在布局中的基本应用，除制作最基本的表格之外，在需要的时候还可以对表格中的单元格进行合并和拆分。但一般不提倡这样来做，建议通过表格的嵌套或更好的 Div 布局来进行。表格及单元格还有很多属性可以调整，关于表格的嵌套和单元格属性的调整内容会在下一个任务中应用。

任务二　嵌套表格布局复杂页面

知识准备

表格和单元格有很多属性，其中有很多是相同或相似的。表格的最基本标记为<table>、<tr>、<td>。一般描述整个表格的属性标记放在<table>里，描述单元格的属性标记放在<tr>、<td>里。常用的属性包括表格的位置、表格边框的粗细及颜色、单元格的间距、表格和单元格的大小、表格及单元格的背景颜色、单元格元素的对齐方式等。

项目实施

利用表格对校园网的新闻列表页面进行布局，要求美观，并在布局的合适位置填上恰当的文字和图片。制作后的效果如图 3.2.1 所示。

图 3.2.1 网页效果图

操作方法

步骤 1：新建一个网页，保存名为 list.html。

步骤 2：插入一个一行一列的表格，设置表格属性，填充、边框、间距均为 0，居中对齐，在单元格内插入图片 "pic\项目 3\images\index_r1_c1.jpg"，效果如图 3.2.2 所示。

图 3.2.2 网页顶部

在表格 1 下面插入第 2 个表格，设置表格属性，二行一列，填充、边框、间距均为 0，宽度 1000，居中对齐。设定表格 ID 为 t2，如图 3.2.3 所示。

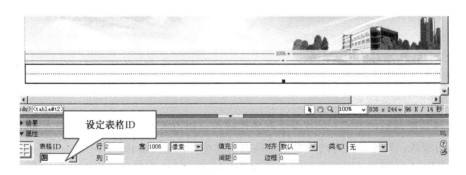

图 3.2.3 设置表格 ID

在 t2 上面的单元格内插入一个一行两列的表格，设定 ID 为 t21。填充、间距、边框为 0。

设定 t21 左侧单元格背景为"pic\项目 3\images\index_r2_c1.jpg"，设置 t21 右侧单元格背景为"pic\项目 3\images\index_r2_c7.jpg"。

设置 t2 下面的单元格背景为"pic\项目 3\images\index_r3_c1.jpg"。适当调整各单元格的宽度及高度，使表格 t2 美观，能显示完整的背景，但又没有空白或图像重复。

🔔 注意：

t21 左侧单元格尺寸可以参考为宽 364，高 28。表格 t2 下面的单元格高度为 26。一般设置表格的高度或宽度时，可以参考背景图片的大小来设置。

设置的效果如图 3.2.4 所示。

图 3.2.4　表格 t2 效果图

步骤 3：在表格 t2 下面插入表格，设置 ID 为 t3。

t3 参数：宽 1000，居中对齐，一行两列，填充 0，间距 1，边框 0。左侧单元格宽 198px，背景色 #0099FF。

在 t3 左侧单元格内插入四行一列的表格，设置 ID 为 t31。

t31 参数：宽 100%（自动以 100%的宽度填充到上一级单元格，以下 100%的宽度均表示自动填充到上一级单元格），填充 0，边框 0，间距 1。每个单元格的背景色均为#EEF7FF。

在第一个单元格与第三个单元格内分别输入"栏目导航"与"点击排行"，并根据需要设置字体的大小、位置。其背景图片如图 3.2.5 所示。

在 t3 左侧单元格内再插入表格或文字，完成效果如图 3.2.6 所示。

图 3.2.5　pic\项目 3\images\list_r2_c2.jpg

图 3.2.6　左侧导航效果

🔔 注意：

当单元格的高度调整过小时，往往会受到单元格内空格的限制而无法调整到符合要求的尺寸，需要转到代码视图模式，删除所在行的所有单元格内的空格标记符（ ）。

步骤 4：设置 t3 右侧单元格垂直对齐方式为顶端对齐。在 t3 右侧单元格内插入一个一行一列的表格，ID 设置为 t32，宽 100%，填充 0，间距 0，边框 1，边框颜色#0099FF。

步骤 5：在 t32 表格中插入一个六行两列的表格，ID 值为 t321。宽 100%，填充 0，间距 0，边框 0。合并 t32 表格中第一行的两个单元格，如图 3.2.7 所示。

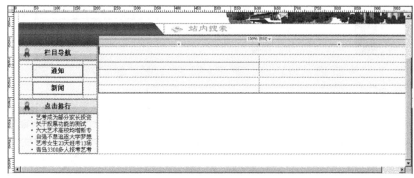

图 3.2.7　网页设计视图

设置合并后的单元格背景图片为"pic\项目 3\images\list_r2_c4.jpg"，高度为 34。

设置 t32 表格中第二行右侧单元格宽度为 15，设置 t32 表格中第二行左侧单元格的背景图片为"pic\项目 3\images\list_r6_c5.jpg"，单元格高度为 28。

设置 t32 表格中第三行左侧单元格的背景图片为"pic\项目 3\images\xuXian.jpg"，高度为 38，效果如图 3.2.8 所示。

图 3.2.8　设置背景图片

分别设置其他单元格，在单元格内插入表格及文字，调整单元格的大小及文字的格式。最终效果如图 3.2.9 所示。

图 3.2.9　单元格效果图

步骤 6：在 t3 表格的下面插入一行两列的表格，ID 为 t4。宽 1006，填充 0，间距 0，边框 0。设置 t3 中第二行单元格的背景图片为"pic\项目 3\images\index_r20_c2.jpg"。

步骤 7：对照效果图完成网页中的其他部分。

知识拓展

表格的属性

1. 表格的位置属性

表格的水平摆放位置用 align="#" 属性来说明，#号可为 left（左对齐）、right（右对齐）、center（居中)。分别如图 3.2.10～图 3.2.12 所示。

图 3.2.10 表格左对齐

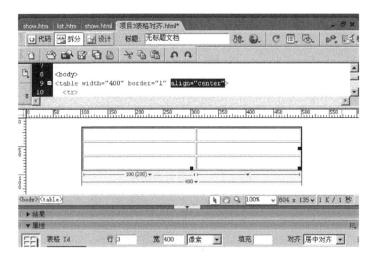

图 3.2.11 表格居中对齐

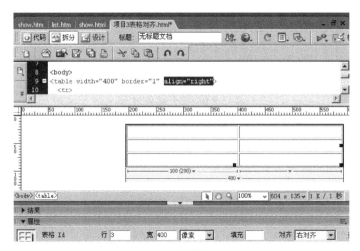

图 3.2.12 表格右对齐

第三个表格的代码如下：
```
<table width="80" border="1" align="right" height="30">
<tr><td>右对齐</td> </tr>
</table>
```

2．边框的粗细及颜色

Border 属性用来设置边框的粗细，border="1"为最小值。在视觉上当边框设为 1 时，往往并不会得到理想的效果。为了获得更理想的效果，一般可以通过设置<td>标签的 CSS 样式表来实现。

Bordercolor 属性用来设置边框的颜色，颜色采用 6 位十六进制数来表示。前面加"#"，前面两位代表红色的比重，中间两位代表绿色的比重，最后两位代表蓝色的比重。颜色的最后效果按光的三原色原理计算。#000000 为黑色，#FFFFFF 为白色。

3．单元格间的间距

单元格间的间距由表格属性 cellspacing、cellpadding 共同控制。

cellspacing 属性用来指定表格内各单元格之间的空隙。此属性的参数值是数字，表示单元格间隙所占的像素点数。

cellpadding 属性用来指定单元格内容与单元格边界之间的空白距离的大小。此属性的参数值也是数字，表示单元格内容与上下边界之间空白距离的高度所占的像素点数，以及单元格内容与左右边界之间空白距离的宽度所占的像素点数。

4．表格、单元格的大小

表格及单元格的大小用"width=#"和"height=#"属性说明，"width=#"表示宽，"height=#"表示高，#是以像素或百分比为单位的数字。表格边框的宽度用"border=#"属性说明，#为宽度值，单位是像素。表格边框的颜色用"bordercolor=#"属性说明，#是十六进制的 6 位数，格式为 rrggbb，分别表示红、绿、蓝三色的分量；或者是 16 种已定义好的颜色名称，参见文本颜色。单元格边框的颜色属性与表格的相同，但只适用于 IE。下面是一个宽为 300，高为 80，边框宽为 4，边框颜色为"FF0000"的一行两列表格，其中第一个单元格的宽为 200，高为 80；第二个单元格的边框颜色为"0000FF"。

> ■小贴士：单元格的大小
>
> 一般表格某一行的高度由此行中高度设置为最大的那一个单元格来决定，为了避免给以后的调试带来不便，一般只设置一行单元格中最左侧一个单元格的高度。同样，一列单元格的宽度也由最宽的单元格来决定，一般只需要设置一列中最上面单元格的宽度即可。为了兼容不同的页面，在一个表格中，一般至少设置一列单元格的宽度为无，此列中一般具有比其他单元格更多的内容，此单元格的宽度会由浏览器根据上一级的宽度减掉其他单元格的宽度而自动计算得到。

5．表格及单元格的颜色

表格及单元格均可设置背景色和背景图片。
背景色属性：bgcolor="#"。
背景图片属性：background="#"。
代码如下：
```
<table width="450" border="1" bgcolor="#539996" bordercolor="#FFFFFF" height="90">
<tr> <td> </td> <td background="Back01.gif"> </td> </tr>
 <tr> <td> </td> <td> </td> </tr>
<tr> <td bgcolor="#FF0000"> </td> <td> </td> </tr>
</table>
```

■小贴士：表格及单元格颜色

当表格背景颜色与单元格背景颜色同时存在时，一般仅会显示单元格的颜色。例如，在上例中，整个表格的背景色是 bgcolor="#539996"，第一行第二列的单元格背景图片是 background="Back01.gif"，第三行第二列的单元格背景色是 bgcolor="#FF0000"。根据显示结果可以看出：设置表格的背景色后再设置单元格的背景色或背景图片，将优先显示单元格的属性。

6．单元格内的位置属性

水平对齐方式，用 align="#"属性说明，#号可以为 left（左对齐）、right（右对齐）、center（居中）。垂直对齐方式，用 valign="#"属性说明，#号可以为 top（上对齐）、bottom（下对齐）、middle（居中）。单元格里的内容与边框的位置关系如图 3.2.13～图 3.2.15 所示。

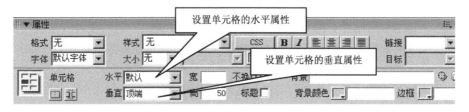

图 3.2.13　单元格内的对齐属性

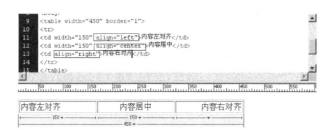

图 3.2.14　单元格水平对齐代码

图 3.2.15　单元格垂直对齐代码

在实际的应用过程中，一般水平对齐和垂直对齐两种方式会同时使用，以满足不同的布局模式。

 任务总结

通过这个任务，可以提高对复杂布局的掌控能力。对于表格各组成代码和标签的掌握是进行布局的关键。表格布局是一种传统的布局方式，对于简单的布局使用表格布局往往可以高效地完成任务。但对于复杂的布局来说，往往采用 CSS+Div 的格式更恰当。使用表格的布局方式往往会产生更多的代码，程序的易读性差。采用 CSS+Div 方式虽然产生的代码量比较少，但在设计时往往需要精确的计算和构思。

课外习题

选择题

1. 合并后的单元格，其中各单元格中的内容将（　　）。
   A. 会被删除　　B. 不会被删除　　C. 被合并　　D. 不会被合并
2. 表格在网页中通常的存在形式是（　　）。
   A. 以独立的形式存在　　　　B. 以隐藏的形式存在
   C. 以压缩的形式存在　　　　D. 以嵌套的形式存在
3. 阅读以下的 HTML 代码，描述正确的是（　　）。

```
<html><head><title>表格</title><head>
<body>
<table border="1">
<tr><td>1</td><td>2</td></tr>
<tr><td>3</td></tr>
</table>
</body>
</html>
```

   A. 该网页内容的第一行显示"表格"　　B. 1 和 2 的表格在同一列
   C. 1 和 2 的表格在同一行　　　　　　D. 1 和 3 的表格在同一列
4. 精确定位网页中各个元素位置的方法有（　　）。
   A. 表格　　B. 层　　C. 表单　　D. 帧

项目四 为"新闻页"添加链接

核心技术

- 了解网页中各种链接形式
- 掌握各种链接的创建方法

任务目标

- 任务一：网页中常见的超级链接
- 任务二：创建不同的超级链接
- 任务三：管理站点导航资源

知识摘要

- 网页中各种链接形式
- 各种链接的创建方法
- 不同类型的超级链接代码

项目背景

某公司招聘网页设计师，需要经过技能考试竞争上岗，要求利用 Dreamweaver 软件完成"校园新闻"及"校园之星"网页的制作。

"校园新闻"网页要求图文并茂，可实现网页之间的跳转。各位应聘人员在规定的时间内完成本项目制作，择优录用。

项目分析

本项目包含了各种超级链接，如内部超级链接、外部超级链接、空链接和脚本链接、E-mail 链接等。

（1）内部超级链接：文本链接的网页文件均在本地站点下，这就需要为文本添加内部超级链接。在 Internet 上最常见的就是这种内部超链接。

（2）外部超级链接：将"友情链接"模块下的内容链接到相应的网站。由于这些网站的首页不属于本地站点，所以需要通过外部超级链接来实现。

（3）空链接和脚本链接。

（4）E-mail 链接：当单击"联系我们"时，便打开了 Outlook Express。收件人地址shxzgl@l63.com已自动出现在收件人的地址栏中，浏览者只需要输入信件的主题和内容即可。

项目目标

通过任务的展开，介绍链接的基本概念，详细阐述了几种常见的超级链接形式，并掌握多种超级链接的创建方式。

任务一 网页中常见的超级链接

知识准备

超级链接是网页间联系的桥梁，浏览者通过它可以跳转到其他页面。一般来说，超级链接包含以下几种类型。

（1）文件链接：链接到其他文件，最常见。
（2）书签链接：链接到相同文件或其他文件的书签位置。
（3）电子邮件链接：创建允许用户给网页制作人员发送邮件的链接。
（4）空链接：不会跳转到任何位置，用于附加 Dreamweaver 行为。
（5）脚本链接：执行 JavaScript 代码或调用 JavaScript 函数。

在 Dreamweaver 中提供非常简便的超级链接的创建方法，可以轻松地将文字、图片、Flash 等网页元素设置为链接对象，实现网页间的跳转功能。

项目实施

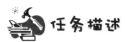

在学校的网站中需要一个新闻页面，现在需要为新闻页面设置相应的超级链接。在加入动态网站和数据库的链接前，需要制作带有超级链接的静态页面，以便查看网站的浏览效果。为构建好的校园网制作超级链接，以实现各个页面之间的跳转。

操作方法

1. 项目准备

打开或设计出如图 4.1.1 所示的网页（网页资源见"项目 4\newsList.html"）。

图 4.1.1　网页效果图 1

2. 使用多种方法设置超级链接

1）文本链接

（1）链接到网页：打开网页，选取"学校放假时间通知"，单击常用工具栏上的超级链接按钮，会出现"超级链接"对话框，如图 4.1.2 和图 4.1.3 所示。单击"链接"右侧的"浏览文件"按钮，选取链接的网页。

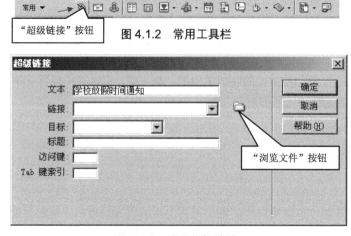

图 4.1.3　设置超级链接

在弹出的对话框内选择"项目 4\tongZhi.html"文件,并单击"确定"按钮,如图 4.1.4 所示。

⚠ 注意:

超级链接的建立也可以通过单击"插入记录"→"超级链接"选项的方式来建立,如图 4.1.5 所示。

图 4.1.4 选择文件

图 4.1.5 "超级链接"选项

单击文件工具栏上的"浏览"按钮 ，选择一个浏览器测试刚才制作的超级链接的效果,如图 4.1.6 所示。

图 4.1.6 文件工具栏

(2)链接到图片:选择"学校图片展示"文字,单击鼠标右键,从弹出的快捷菜单中选择"属性"选项。在"属性"面板内,单击"链接"右侧的"浏览文件"按钮,如图 4.1.7 所示。

图 4.1.7 浏览文件

将当前链接指向"项目 4\素材\riZhao01.jpg"文件。单击键盘上的"F12"键,在主浏览器内浏览文件,测试制作的链接效果。

■小贴士:超级链接制作方法

超级链接的制作既可以通过工具栏上的超级链接按钮来完成,也可以通过属性面板来制作,还可以直接拖动"指向文件"按钮到右侧的文件资源面板中的文件上实现链接,如图 4.1.8 所示。

(3)链接到可下载的文件:选择"学校招生简章下载"文字,单击"浏览文件"按钮,将链接指向"项目 4\素材\招生简章.doc"文件。在浏览器中浏览并测试链接的效果。当单击此链接时会显示"文件下载"对话框,如图 4.1.9 所示。

图 4.1.8 文件目录

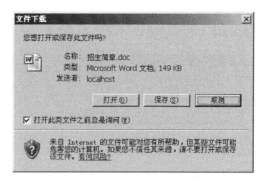

图 4.1.9 "文件下载"对话框

■小贴士:关于下载

一般情况下,只有网络地址、网页文件、动画、图片、视频才会在单击的时候直接显示在浏览器中,其他文件一般都会提示下载。

2)图像链接

在网页中除了文本可以制作链接外,图片也可以制作链接。一般矩形的链接区域可以直接使用图片来进行,但对于非矩形区域的链接,或链接区域与图片实际大小不相符的情况,只能通过热点的方式来建立链接。

(1)图像链接:打开或者制作如图 4.1.10 所示的网页(示例网页为"项目 4\star.html")。

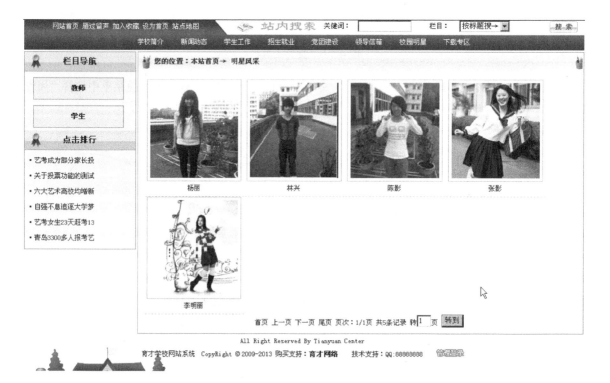

图 4.1.10 网页效果图 2

步骤 1：选择"张影"上方的图片。
步骤 2：在属性面板中单击"浏览文件"按钮。
步骤 3：将图片链接到"项目 4\zhangying.html"。
步骤 4：在 star.html 网页中，将"李明丽"上方的图片链接到"项目 4\limingli.html"。
步骤 5：根据 limingli.html 制作其他三个人的个人简介网页，并链接到相应的网页。
（2）热点链接，步骤如下。
步骤 1：打开 limingli.html 文件，选择网页最上面的图片，如图 4.1.11 所示。

图 4.1.11　网页顶部

步骤 2：在属性面板选择"多边形热点工具"按钮，如图 4.1.12 所示。

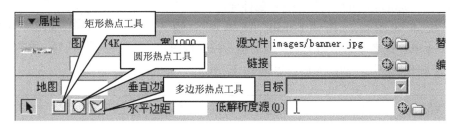

图 4.1.12　多边形热点工具

步骤 3：制作多边形热区，如图 4.1.13 所示。

图 4.1.13　制作多边形热区

步骤 4：将热区的链接地址设为"项目 4\star.html"，如图 4.1.14 所示。

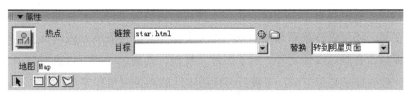

图 4.1.14　设置热区的链接地址

步骤 5：在浏览器中测试 limingli.html 文件，当鼠标移到图片区域时，鼠标形状会发生变化，单击鼠标时会跳转到明星页面。

■小贴士

（1）矩形的热区和圆形的热区操作方法与多边形热区的操作相似。
（2）只有在选择的图片上才能建立热区，网页中的背景图片不能够建立热区。

知识拓展

1．删除链接

（1）把链接的地址改为"#"，也就是更改链接为空链接。这种方式可以保证链接区域的样式不会因为链接的删除而发生改变，尤其是在有 CSS 样式表存在的情况下。

（2）在属性面板把链接的地址全部删除，则对应此部分的超级链接的代码会自动删除。

（3）用鼠标右键单击需要删除链接的文字或图片，在弹出的快捷菜单中选择"移除链接"选项，如图 4.1.15 所示。

2．电子邮件链接

电子邮件链接是一种比较特殊的链接方式。使用电子邮件链接可以打开本机的 Outlook，并向链接的目标邮件地址发送邮件。例如，选择文本或图像，在"E-mail"文本框中输入 mailto:abc@123.com。或者单击常用工具栏上的电子邮件按钮，输入文本和电子邮件的地址，如图 4.1.16 和图 4.1.17 所示。

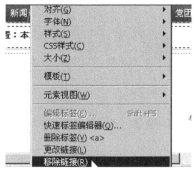

图 4.1.15　删除链接

图 4.1.16　常用工具栏

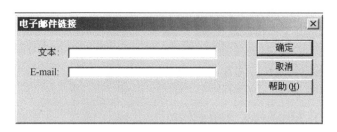

图 4.1.17　电子邮件链接

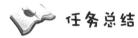 任务总结

本任务主要是对超级链接有一个初步的认识，使用超级链接可以打开新的窗口。不仅可以链接到本网站中的其他页面，还可以链接到其他网站的相关页面。除链接到网站或网页的地址外，还可以链接图片、动画、视频、音频等媒体文件。对于图片、视频、动画，一般可以直接在浏览器中打开。而对于其他文件，一般会提示是否下载，下载后再使用本地的相关应用程序打开，如 Word 文件。

除文字可以制作超级链接外，图片也可以制作超级链接。对于矩形区域的链接，可以直接使用图片作为链接的主体；对于其他形状的链接，需要使用热区的方式来进行设置。

任务二　创建不同的超级链接

知识准备

1. 链接地址中的参数

一个链接的代码中一般由超级链接标识符<a></a>、链接地址、链接的目标窗口、链接的提示、链接的主体几部分构成，如图 4.2.1 所示。

图 4.2.1　链接代码说明

1）标识符

标识符是在 HTML 代码中用于识别其内容为超级链接的标志，<a>与</a>总是成对出现。

2）链接地址

链接地址可以是绝对路径，也可以是相对路径；可以是网页的地址，也可以是图片、文件、视频、音频和动画。

链接地址分为绝对路径与相对路径，对本网站中的网页链接一般使用相对路径，对其他网站的网页的引用一般使用绝对路径。

当链接地址为"#"时，代表是一个空链接。空链接一般在没有确定具体的链接目标，但仍显示为链接时，或者需要预览最后的制作效果时是一个很方便的方法。空链接有的时候也作为调用网页前台 JavaScript 代码或者 VBScript 代码的一种手段。

3）目标窗口

目标窗口一般分为_blank、_parent、_self、_top 四种。

_blank：在新窗口中打开链接。

_self：在当前窗口中打开链接（默认的链接方式）。

_parent：在父窗口中打开链接。

_top：在最外层框架中打开链接（当用框架结构时可以使用）。

4）链接提示

超级链接的提示信息一般是当鼠标移到链接时显示的提示信息，由于网络的因素或者其他因素往往会导致一些进行链接的图片无法正常显示，设置超级链接的提示信息便于用户在发生故障时及时了解失效链接的作用。或者当图片无法充分表达正确的意图时，提示信息也能起到一定程度的补充作用。

■小贴士：

在超级链接的代码中，标识符、链接地址、链接主体是不可缺的，以下的超级链接是最简单的超级链接，如图 4.2.2 所示。

<a href="#" >学校放假时间通知</a>

图 4.2.2　超级链接代码

2．锚点链接

锚点链接是一种特殊的链接，当一个网页中的内容过多时，网页的高度将会变得很大。不仅不便于浏览，也不便于用户对信息进行查找和分类。在这种情况下，可以对网页进行简单的标注。标注的点称为锚点，通过链接可以直接跳转到这些标注所对应的内容上。

项目实施

由于网页 limingli.html 的内容过多，造成网页的高度比较大，为便于用户的浏览，需要根据网页的内容进行简单的分类并制作锚点，进行链接。

操作方法

步骤 1：打开 limingli.html，单击需要插入锚点的位置，将光标停留在"生活是一座迷宫"前面，如图 4.2.3 所示。

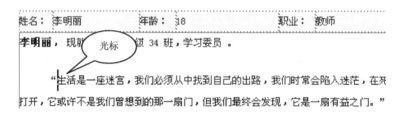

图 4.2.3　插入锚点

步骤 2：单击常用工具栏上的命名锚点按钮 ，如图 4.2.4 所示。

图 4.2.4　常用工具栏锚点按钮

在弹出的对话框中的"锚记名称"文本框中输入"人生格言"，如图 4.2.5 所示。

图 4.2.5　锚记名称

步骤 3：单击"从四岁起"，把光标停留在"从四岁起学习音乐的我"前面，插入锚点，命名为"小时候"。

步骤 4：在"从初中开始"插入锚点，命名为"初中"。

步骤 5：在"三年前"插入锚点，命名为"高中"，如图 4.2.6 所示。

步骤 6：在网页中插入"格言"、"小学"、"初中"、"高中"。

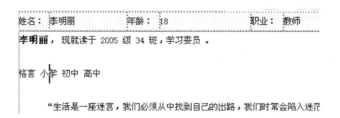

图 4.2.6 文字处理

步骤 7：选择"格言"，制作超级链接，链接目标为"#人生格言"，如图 4.2.7 所示。

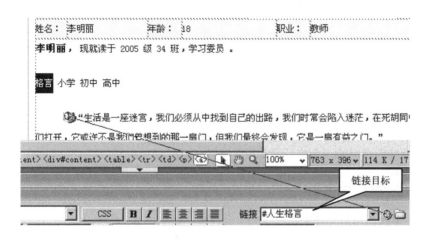

图 4.2.7 设置内部链接

链接目标可以手工输入，也可以通过拖动"指向文件"按钮到锚点上来指定。

步骤 8：依次指定下列链接地址。

"小学"的链接地址为"#小时候"；"初中"的链接地址为"#初中"；"高中"的链接地址为"#高中"。

步骤 9：按"F12"键在浏览器中浏览 limingli.html 文件，分别单击"格言"、"小学"、"初中"、"高中"链接，查看链接的效果。

知识拓展

1．URL 地址解析

URL，Uniform Resource Locator 的缩写，统一资源定位符，也称为网页地址，是因特网上标准的资源地址，也就是通常所说的网页地址，如http://news.sohu.com/20130815/384278875.shtml。它从左到右由下述部分组成。

Internet 资源类型：指出 WWW 客户程序用来操作的工具。如"http://"表示 WWW 服务，"ftp://"表示 FTP 服务器，其他的服务也会有相应的类型，但一般用得不多。

服务器地址（host）：指出 WWW 页所在的服务器域名，或者是 IP 地址或主机地址。

端口（port）：有时对某些资源的访问来说，需给出相应服务器某种服务的端口号。

路径（path）：指明服务器上某资源的位置（通常由目录\子目录\文件名这样的结构组成）。与端口一样，路径并非总是必需的。

2. 绝对路径和相对路径

文件路径就是文件在计算机中的位置，表示文件路径的方式有两种，相对路径和绝对路径。在网页设计中通过路径可以表示链接，插入图像、Flash、CSS 文件的位置。

1）绝对路径

以 Web 站点根目录为参考基础的目录路径。之所以称为绝对，是指当所有网页引用同一个文件时，所使用的路径都是一样的。

如下面所示的路径就是绝对路径：

```
d:\dreamdu\exe\1.html
http://zhidao.baidu.com/question/294940045.html
http://10.13.24.23/index.asp
```

2）相对路径

以引用文件的网页所在位置为参考基础而建立出的目录路径。因此，当保存在不同目录下的网页引用同一个文件时，所使用的路径将不相同，故称为相对。

如下面所示的路径就是相对路径：

```
<a href="first/2.html">链接到下级目录（first）中的文件</a>
<a href="./first/second/4.html">链接到下级目录（first/second/）中的文件</a>
<a href="../../1.html">链接到上级目录中的文件</a>
```

在上述三个链接中对应的三个路径就是相对路径。

```
"first/2.html"
"./first/second/4.html"
"../../1.html"
```

其中 "../" 代表的是当前文件所在目录的上级目录，即父目录。"./" 代表的是当前文件所在目录。如果在路径中没有 "./" 或 "../"，则默认为 "./"，即默认为当前目录。

任务总结

通过对一个长页面的制作，了解锚点链接的使用方法。锚点链接一般只用于页面内容比较多的情况，随着网页技术的发展，这种技术一般更多地用于静态页面中。对于动态页面，一般通过分页的技术来解决页面内容过于庞杂的问题。

任务三 管理站点导航资源

▍知识准备

脚本链接是一种特殊的链接方式，即通过超级链接调用网页前台的脚本代码或脚本文件。制作方法为先选择制作超级链接的文字或图片，在链接框内输入对应的脚本代码，如关闭窗口的代码为 "javascript:window.close()"。

▍项目实施

制作新闻链接页面（newsList.html），要求把左侧导航中的"通知"链接到"tongzhi.html"，当单

击时，在新的页面中打开。在"通知"页面底部添加一个关闭网页的链接。单击时可以关闭"通知"页面。将上部导航按钮中的"校园明星"链接到"star.html"文件。其他链接均改为空链接。

在"校园明星"页面（star.html）中，把导航中的"新闻动态"链接到"newsList.html"网页。单击后在当前页面中打开。其他导航改为空链接。在"校园明星"页面中单击李明丽的图片，可以在新的页面中打开"limingli.html"网页，显示关于李明丽的详细信息。单击张影的图片，可以打开"zhangying.html"网页，显示关于张影的详细信息。在张影的详细信息页的顶部添加一个链接"底部"，单击该链接可以使页面直接跳转到页面的底部。在底部添加一个链接"顶部"，单击该链接可以直接跳转到页面的顶部。

操作方法

步骤1：打开"项目4\newslist.html"网页，选择"通知"，把链接地址设置为"tongzhi.html"，把窗口目标设置为"_blank"。

步骤2：打开"项目4\tongzhi.html"网页，在网页底部添加"关闭"两个字，选中这两个字，设置链接地址为"javascript:window.close()"。

步骤3：选择顶部导航中的"校园明星"文字，设置链接地址为"项目4\star.html"，依次选择"学校简介"、"新闻动态"、"学生工作"等其他导航，并设置链接地址为"#"。

步骤4：打开"项目4\star.html"，选择顶部导航中的"新闻动态"，设置链接地址为"newsList.html"，设置目标窗口为"_self"，或者使用默认值。修改"学校简介"等其他导航为空链接。

步骤5：选择李明丽的图片，设置链接地址为"项目4\limingli.html"。选择张影的图片，设置链接地址为"项目4\zhangying.html"。

步骤6：打开"项目4\zhangying.html"，在顶部添加锚点，命名为"top"。在网页的底部添加锚点，命名为"bot"。

在网页的顶部添加文字"底部"，设置链接地址为"#bot"，提示文字为"跳转到底部"。在网页的底部添加文字"顶部"，设置链接地址为"#top"，提示文字为"跳转到顶部"。

步骤7：在浏览器中打开"项目4\newslint.html"网页，查看网页的浏览效果。通过链接跳转到其他页面，检验所有的链接是否与要求一致。

知识拓展

超级链接的颜色

在HTML中，根据超级链接的状态会显示不同的颜色。常见的有三种状态，分别是超级链接的颜色、已访问链接的颜色、活动链接的颜色。这三种颜色可以通过单击属性面板中的"页面属性"按钮来完成。"页面属性"对话框如图4.3.1所示。

选择左侧"分类"列表框中的"链接"项，在右侧可以设置超级链接不同状态的颜色。但使用这种方法会使整个页面中的超级链接都使用一个配色方案。当一个网页中的超级链接需要使用不同的颜色方案时，一般可以通过CSS来实现。这种配色方案需要对HTML代码和CSS语法格式比较熟悉，需要通过手工编写一部分代码来实现。虽然Dreamweaver的大部分功能都可以通过鼠标的单击、拖曳来实现，但有些特殊的功能必须通过手工编写代码来实现。因此，对于网页设计人员来说，是否精通HTML代码是衡量一个人的设计能力的重要标志。

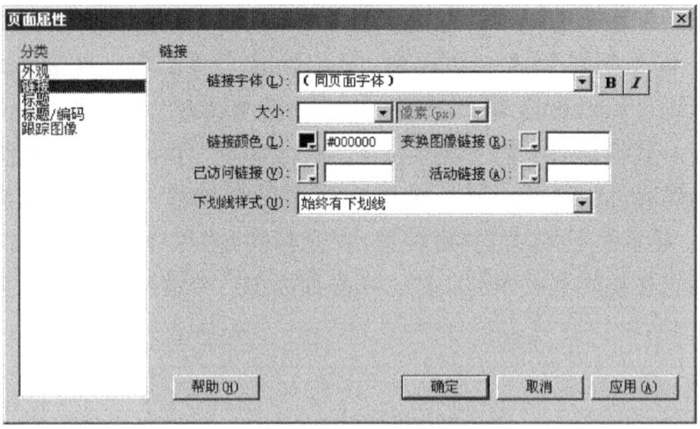

图 4.3.1 设置链接格式

 任务总结

本任务主要综合了对链接设置的大部分知识点和技能点，包括文字的链接设置、图片的链接设置、网页的链接、锚点的链接、链接的目标窗口的设置，以及使用链接调用脚本代码。在网页的设计过程中，一般对文字和图片的链接使用的比较多。对于热点的链接使用的比较少。有些情况需要在一张图片上的不同部位使用链接，或者在需要时使用特殊的不规则形状的按钮，这时就会使用热区的链接。

课外习题

一、填空题

1．创建到锚点的链接过程分为两步：首先_____，然后_____。

2．制作外部链接时，可以在"链接"文本框中直接用键盘输入该网页在 Internet 上的_____
_____。

3．在 Dreamweaver 中，链接按目标端点分类，可以分为内部链接、外部链接、锚点链接、E-mail 链接。其中指向的是不同站点的其他文件和对象的链接称为_____，指向的是同一个站点的其他文件和对象的链接称为_____。指向的是同一个网页或不同网页中命名锚点的链接称为_____。指向的是一个弹出窗口，用于填写电子邮件的链接称为_____。

4．在链接位置输入_____，可以制作邮件链接。

二、选择题

1．在 Dreamweaver 中，设置超级链接的属性，目标设置为_top 时，表示（　　）。
　　A．新开一个浏览窗口来打开链接　　　　B．在当前框架中打开链接
　　C．在当前框架的父框架中打开链接　　　D．在当前浏览器的最外层打开链接

2．如果要使超级链接目标在新的窗口中打开，应在属性面板的"目标"下拉列表框中选择（　　）。
　　A．_blank　　　　B．_parent　　　　C．_self　　　　D．_top

3．在 Dreamweaver 中可以为图像创建热点，不可以对（　　）进行设置。
　　A．热点形状　　　　　　　　　　　　B．热点的位置
　　C．热点大小　　　　　　　　　　　　D．热点鼠标的灵敏程度

4．在设置图像超级链接时，可以在 Alt 文本框中填入注释的文字，下面不是其作用的是（　　）。

A. 当浏览器不支持图像时，使用文字替换图像
B. 当光标移到图像并停留一段时间后，这些注释文字将显示出来
C. 在浏览者关闭图像显示功能时，使用文字替换图像
D. 每过一段时间图像上就会定时显示注释的文字

5. 下面关于绝对路径与相对路径的说法，错误的是（   ）。
   A. 在 HTML 文件中插入图像，其实只是写入一个图像链接的地址，而不是真的将图像插入到文件中
   B. 使用相对路径时，图像的链接起点是此 HTML 文件所在的文件夹
   C. 使用相对路径时，图像的位置是相对于 Web 的根目录的
   D. 如果要经常改动，推荐使用绝对路径

6. 绝对路径通常应用在（   ）。
   A. 链接外部网站   B. 链接外部网页文件
   C. 链接站点内其他文件   D. 链接站点内其他位置

项目五 制作"新闻动态"

核心技术

- ◆ 掌握创建和应用模板的方法
- ◆ 掌握编辑和管理模板的方法
- ◆ 了解创建和应用库的方法
- ◆ 了解编辑与管理库项目的方法

任务目标

- ◆ 任务一:网页模板的应用
- ◆ 任务二:库项目的应用

知识摘要

- ◆ 模板创建和应用
- ◆ 通过模板的更新成批更新风格相似的系列网页
- ◆ 库项目的创建和应用
- ◆ 通过库项目的更新成批更新风格相似的系列网页

项目背景

在校园网建设的基础上，要求完成校园网上"校园新闻"栏目的制作，使各个页面具有相似的风格。同时，对多个风格相同的网页进行同样的修改，即修改后仍需保持页面风格的一致。

项目分析

如果采用常规的网页编辑方法，不得不在每个页面中进行重复操作，很乏味，同时又浪费了大量的时间。在 Dreamweaver 中可以使用模板和库项目技术解决这个问题。

设计"校园新闻"系列网页，创建风格相同的 5 个页面，如图 5.1.1 和图 5.1.2 所示。其中，如图 5.1.1 所示的页面为模板。图示的"校园新闻"系列网页中，不但所有页面的风格相同，而且有些内容也完全一样。这种情况下，如果采用一般的编辑方法，需要在每个文件中重复设计相同的内容，既浪费时间也容易出错。如果利用模板或库项目技术进行设计，将大大提高工作效率。

本项目包含了模板与库项目的创建、应用、编辑和管理几个方面的内容。体现在：
（1）应用模板快速设计与"校园新闻"风格相同的 5 个网页。
（2）应用库项目快速设计与"校园新闻"风格相同的 5 个网页。

图 5.1.1　用于创建模板的页面

图 5.1.2　基于模板的 5 个风格相同的页面

项目目标

通过任务的展开，理解模板与库项目的含义及其作用，能够创建、应用、编辑、管理模板与库项目，掌握多种创建方式，并在实战中加以练习，以达到学以致用的目的。

任务一　网页模板的应用

利用模板和库，不仅可以快速创建风格一致的网页，更重要的是，模板和库可以让设计者在短时间内重新设计自己的网站，或者对一系列风格相似的网页实现同样的修改，从而使维护站点更轻松。模板（Template）的作用是帮助设计者批量生成具有固定格式的页面。

知识准备

1．利用模板创建系列页面

1）创建模板

（1）将现有文件保存为模板。

（2）创建空白模板。

2）定义模板可编辑区域

（1）设置可编辑区域。要使用模板，必须将模板中的某些区域设置为可编辑区域，以便在不同页面中输入不同的内容。

（2）删除可编辑区域。

2．利用模板更新网页

1）修改模板并更新网页

2）将模板应用到已经存在的网页

3）模板的管理

（1）模板的重命名。

（2）删除模板。

（3）将文件与模板分离。

项目实施

任务描述

随着校网园规模的扩大，网站的网页越来越多，网站中各页面的风格也不完全统一，要求网站管理员采取措施，使网站更便于管理，使网站中的风格统一，采用很少的修改就可以更改大多数网页的结构和风格。下面以制作"校园新闻"系列网页为例进行介绍。

任务准备

创建模板文件（包括创建空白模板并添加内容，以及将第一个页面 xyxw.htm 另存为模板文件 temp.dwt 这两种方法）。

（1）打开模板文件 temp.dwt，设置模板的可编辑区域。

（2）创建基于模板的其他页面，并修改每个页面中不同的内容。

（3）通过更新模板，批量更新基于模板创建的系列网页。

构建好相关网页，如图5.1.3所示。

图 5.1.3　构建"xyxw.html"网页文件

操作方法

1. 设计"校园新闻"网页

步骤1：新建一个空白网页文件并打开。

步骤2：在文件窗口中插入Div标签并链接样式表文件ys.css，应用类样式.ys，从而规定Div标签的宽度为1000像素，高度为800像素。

步骤3：将光标定位到Div标签内，插入宽度为1000像素的两行一列的表格1。第一行单元格高度设为152像素，插入图像top.jpg；第二行单元格高度设为53像素，插入图像top1.jpg。

步骤4：将光标移至表格1之后，接着插入宽度为200像素的两行二列的表格2。将第一行两个单元格合并，高度设为33像素，链接外部样式表ys1.css文件，获取背景图像，输入内容；在第二行第一个单元格中插入图像pic1.jpg，在第二个单元格内嵌套四行一列的表格，输入内容即可。

步骤5：将光标再次移至表格2之后，继续插入一个宽度为200像素的三行一列的表格3，从上至下的3个单元格内分别插入图像a_03.gif、a_06.gif、a_08.gif。

步骤6：将光标移至表格3之后，在Div标签底部插入宽度为1000像素的一行一列表格，链接外部样式表ys2.css文件，填充背景图像。然后在其中嵌套三行一列的表格，适当调整宽度，输入文字，设置字体大小为12像素。

步骤7：在文件窗口右侧空白区域，绘制AP Div，分别设置宽度和高度为755像素、387像素。在其中插入宽度参数为100%的一行一列表格，输入内容"当前位置：首页>>新闻中心"；将光标移动到表格后面，继续插入一个宽度参数为100%的八行三列表格，适当调整单元格宽度，在表格第一列全部插入图像icon2.gif，在表格第二列输入各个新闻标题，在表格第三列输入时间。

步骤8：保存网页并按"F12"键预览网页。

2. 创建模板

将设计好的 xyxw.html 页面另存为模板文件 temp.dwt，操作步骤如下。

步骤 1：打开本地站点"ycxx"文件夹中"项目 5"下的 xyxw.html 文件，如图 5.1.3 所示。

步骤 2：执行下列操作之一，打开"另存模板"对话框，如图 5.1.4 所示。

在菜单栏中选择"文件"→"另存为模板"选项。

在"插入"工具栏的"常用"类别中，单击"模板"按钮 上的下拉箭头，打开下拉菜单，单击"创建模板"选项，如图 5.1.5 所示。

图 5.1.4 "另存模板"对话框

图 5.1.5 "模板"按钮下拉菜单

步骤 3：在"站点"下拉列表框中选择"ycxx"，在"另存为"文本框中输入模板名称"temp"。

步骤 4：单击"保存"按钮。系统将自动在站点根目录"ycxx"下创建"Templates"文件夹，并将创建的模板文件 temp.dwt 保存在该文件夹中。

3. 定义可编辑区域

将模板 temp.dwt 中页面右下方的内容部分定义为可编辑区域，效果如图 5.1.6 所示，操作步骤如下。

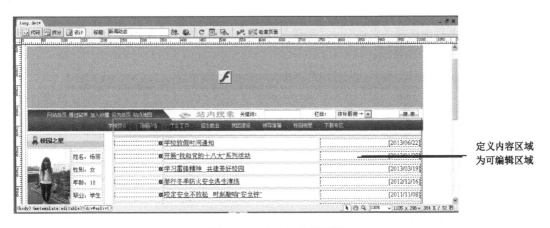

图 5.1.6 定义可编辑区域

步骤 1：在模板文件 temp.dwt 中选择右下角的 AP Div1。

步骤 2：执行下列操作之一，打开"新建可编辑区域"对话框。

在菜单栏中选择"插入记录"→"模板对象"→"可编辑区域"选项，如图 5.1.7 所示。

在"插入"工具栏的"常用"类别中，单击"模板"按钮 上的下拉箭头，打开"模板"下拉菜单，选择"可编辑区域"选项。

选择要设置为可编辑区域的对象，单击鼠标右键，在弹出的快捷菜单中选择"模板"→"新建可编辑区域"选项。

"新建可编辑区域"对话框如图 5.1.8 所示。

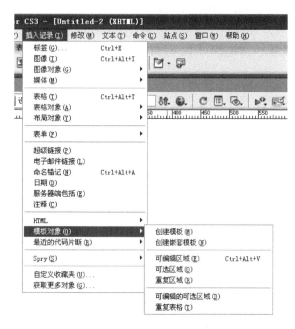

图 5.1.7 "可编辑区域"选项

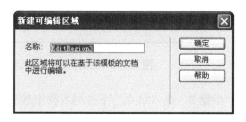

图 5.1.8 "新建可编辑区域"对话框

步骤 3：在"名称"文本框中输入可编辑区域的名称。

步骤 4：单击"确定"按钮，在模板文件中建立一个可编辑区域。

4．创建基于模板的新页面

操作步骤如下。

步骤 1：在菜单栏中选择"文件"→"新建"选项，在弹出的"新建文档"对话框中选择"模板中的页"选项卡，如图 5.1.9 所示。

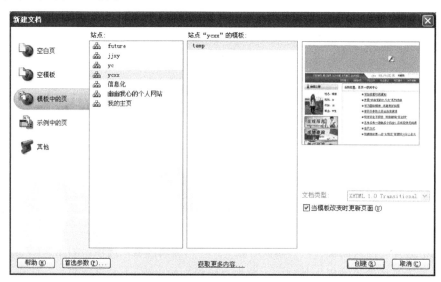

图 5.1.9 "模板中的页"选项卡

步骤 2：从中间的"站点"列表中选择站点"ycxx"，然后选择右侧"temp"模板，单击"创建"按钮，此时将打开一个新的文件窗口，如图 5.1.10 所示。

图 5.1.10 基于模板的新文件窗口

在新文件的右上方显示"模板：temp"，表示当前文件是基于模板 temp 建立的。文件中凡是属于锁定区域的地方，鼠标指针将变成 ⊘ 形状，表示不可编辑。标有"text"名称的地方是可编辑区域。

步骤 3：将"text"可编辑区域中的内容删除，替换为"放假通知"的内容，标题文字居中显示，正文部分链接样式表 ziti.css 文件并应用.ziti 类样式，修改网页文件标题为"新闻动态"。编辑完毕后，第一个页面如图 5.1.11 所示（提示：文字素材文件为"放假通知.txt"）。

图 5.1.11 替换可编辑区域的内容

步骤 4：第一个页面编辑完成后，以 xinwen1.html 为文件名保存在本地站点的"项目 5\mresult"文件夹中。

步骤 5：采用上述步骤编辑系列网页中的其他页面，并以 xinwen2.html、xinwen3.html、xinwen4.html、xinwen5.html 为名保存到本地站点的"项目 5\mresult"文件夹中。

步骤 6：保存并按"F12"键预览网页。至此，"校园新闻"系列网页的创建全部完成。

在编辑基于模板的新文件时，只需替换可编辑区域的内容即可，锁定区域的内容不用也不能修改，这不但保证了系列页面风格的一致，也保证了锁定区域内容不受破坏，从而大大提高了设计效率。

5. 修改模板和更新网页

修改模板 temp.dwt 并更新套用该模板的系列网页文件，操作步骤如下。

步骤 1：打开模板文件 temp.dwt。

步骤 2：修改模板文件锁定区域"校园之星"内容，修改完毕后，保存模板，如图 5.1.12 所示。

图 5.1.12　修改模板文件

步骤 3：此时，系统打开"更新模板文件"对话框，所有套用该模板的文件都会出现在列表框中，如图 5.1.13 所示。单击"更新"按钮，系统会继续弹出"更新页面"对话框，如图 5.1.14 所示，然后单击"关闭"按钮。

图 5.1.13　"更新模板文件"对话框

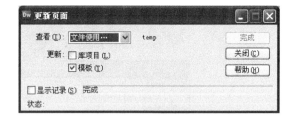

图 5.1.14　"更新页面"对话框

知识拓展

1. 利用模板创建系列页面

1）创建模板

（1）将现有文件保存为模板。

方法一：在菜单栏中选择"文件"→"另存为模板"选项，打开如图 5.1.4 所示对话框。

方法二：在"插入"工具栏的"常用"类别中，单击"模板"按钮 ▭ ▾ 上的下拉箭头，打开下拉菜单，单击"创建模板"选项，如图 5.1.5 所示。

（2）创建空白模板。

方法一：在菜单栏中选择"文件"→"新建"选项，打开"新建文档"对话框，如图 5.1.15 所示。单击"空模板"选项卡，从"模板类型"中选择"HTML 模板"，然后单击"创建"按钮。

方法二：利用工具栏创建空白模板。新建一个网页文件，在"插入"工具栏的"常用"类别中，单击"模板"按钮 ▭ ▾ 上的下拉箭头，选择"创建模板"选项，如图 5.1.16 所示。

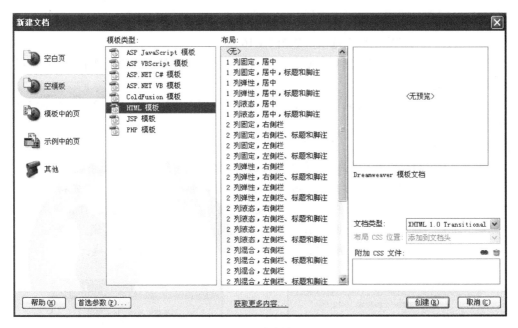

图 5.1.15 "新建文档"对话框

方法三:使用"资源"面板创建新模板。

在菜单栏中选择"窗口"→"资源"选项,或在"文件"组合面板上单击"资源"选项卡,打开"资源"面板。单击左侧"模板"类别按钮后,单击底部的"新建模板"按钮,一个新的、无标题模板被添加到模板列表中,如图 5.1.17 所示。输入模板名称,按"Enter"键,新的空模板便创建完成。

图 5.1.16 "模板"下拉菜单

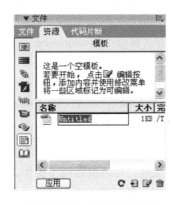

图 5.1.17 "资源"选项卡

2)定义模板可编辑区域

模板创建完成后,接下来一项重要的工作是定义模板的可编辑区域。默认情况下,新创建的模板的所有区域都是锁定区域。可编辑区域是指基于模板的页面中可以更改的内容。当需要修改基于模板创建的网页时,只能修改模板所定义的可编辑区域,而基于模板的页面中不可更改的部分称为"锁定区域"或"不可编辑区域"。锁定区域一般是用来体现网站风格的部分,在整个网站中这些区域是相对固定和独立的,如导航条等。

(1)设置可编辑区域。

要使用模板,必须将模板中的某些区域设置为可编辑区域,以便在不同页面中输入不同的内容。

方法一:在菜单栏中选择"插入记录"→"模板对象"→"可编辑区域"选项,如图 5.1.7 所示。

方法二：在"插入"工具栏的"常用"类别中，单击"模板"按钮上的下拉箭头，打开"模板"下拉菜单，选择"可编辑区域"选项，如图 5.1.16 所示。

方法三：选择要设置为可编辑区域的对象，单击鼠标右键，在弹出的快捷菜单中选择"模板"→"新建可编辑区域"选项。

在"名称"文本框中输入可编辑区域的名称，单击"确定"按钮，即可在模板文件中建立一个可编辑区域。

☆注意：

（1）可编辑区域在模板中由高亮显示的矩形边框围绕，该边框颜色可在"首选参数"对话框中设置。

（2）在命名可编辑区域时，名称不能使用某些特殊字符，如双引号、单引号、尖括号和符号&等。

（3）如果在模板中还没有定义任何可编辑区域就试图退出编辑环境，则系统会弹出如图 5.1.18 所示的警告对话框，单击"确定"按钮，退出编辑环境，则此模板不含任何可编辑区域；若单击"取消"按钮，系统继续弹出如图 5.1.19 所示的消息框，单击"确定"按钮，定义可编辑区域。

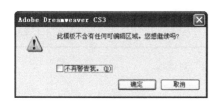

图 5.1.18　警告对话框

图 5.1.19　消息框

（2）删除可编辑区域。

方法一：将插入点置于可编辑区域中，在菜单栏中选择"修改"→"模板"→"删除模板标记"选项。

方法二：在标签选择器中的<mmtemplate:editable>标签上单击鼠标右键，在弹出的快捷菜单中选择"删除标签"选项。

2．利用模板更新网页

1）修改模板和更新网页

如果在"更新模板文件"对话框中单击"不更新"按钮，如图 5.1.13 所示，则只保存模板，而不会立即更新文件。如果以后想用修改后的模板更新文件，则可采用下列方法。

（1）更新某个文件，可以执行以下操作之一。

● 选择菜单栏中的"修改"→"模板"→"更新当前页"选项。

● 在"模板"面板的列表框中用鼠标右键单击当前文件所应用的模板，在弹出的快捷菜单中选择"更新当前页"选项。

（2）更新整个站点，可以执行以下操作之一。

● 在文件编辑窗口，选择菜单栏中的"修改"→"模板"→"更新页面"选项。

● 在"模板"面板的列表框中用鼠标右键单击当前文件所应用的模板，在弹出的快捷菜单中选择"更新站点"选项。

此时打开如图 5.1.14 所示的"更新页面"对话框，单击"完成"按钮开始更新操作。更新完毕后，单击"关闭"按钮退出。

2）将模板应用到已经存在的网页

方法一：打开网页文件，在"模板"面板的列表框中用鼠标右键单击当前文件所应用的模板，在弹出的快捷菜单中选择"应用"选项。

方法二：打开网页文件，在"模板"面板上单击"应用"按钮。

方法三：打开网页文件，直接从"模板"面板上将要应用的模板拖到当前文件中。

方法四：打开网页文件，选择菜单栏中的"修改"→"模板"→"应用模板到页"选项，打开"选择模板"对话框，如图 5.1.20 所示。

3）模板的管理

模板文件扩展名为.dwt，模板文件创建完成后，系统将自动在站点根目录下创建"Templates"文件夹，并将创建好的模板文件保存在该文件夹中。

(1) 模板的重命名。

在"模板"面板的模板列表中，选中要重新命名的模板，在其名称上再单击一次鼠标，即可激活其文本编辑状态；也可以在选中模板后，用鼠标右键单击模板，在弹出的快捷菜单中选择"编辑"→"重命名"选项；还可以在站点管理器中选定"Templates"目录下要重命名的模板文件，进行重命名操作。模板重命名后，如果站点中已经有文件应用了该模板，则会出现如图 5.1.21 所示的"更新文件"对话框，提示是否同时更新文件。

图 5.1.20 "选择模板"对话框

图 5.1.21 "更新文件"对话框

如果要立即更新站点中所有基于该模板的文件，可单击"更新"按钮；如果不希望更新站点中基于模板的文件，则可以单击"不更新"按钮。

(2) 删除模板。

方法一：选中要删除的模板，单击鼠标右键，在弹出的快捷菜单上选择"删除"选项。

方法二：选中要删除的模板，单击"模板"面板右下角的"删除"按钮 🗑。

方法三：选中要删除的模板，按"Delete"键。

⚠注意：

模板文件被删除后，将无法恢复，因此这种操作应该非常慎重。删除模板后，并不会删除该模板与应用该模板的文件之间的关联关系。在基于该模板的文件中，所有可编辑区域和锁定区域都会保持原先的结构。

(3) 将文件与模板分离。

将基于模板的文件转换成为普通的文件，可以通过将文件与模板分离开来实现，方法如下：

打开基于模板的文件，选择菜单栏"修改"→"模板"→"从模板中分离"选项，此时文件与模板分离，文件中再没有锁定区域，所有内容都是可编辑的，但分离之后，文件就再也不能按模板进行更新了。

💡说明：

将模板应用到已经存在的网页文件时，如果现有文件已经应用过某个模板，现在又要应用新的模板，则此时系统会比较两个模板的可编辑区域和锁定区域的名称，然后在应用新模板时，将现有文件的内容放入名称一样的可编辑区域中。

如果新模板中的可编辑区域多于旧模板中的可编辑区域，则多余的可编辑区域会出现在新文件中，并允许继续在其中输入文件内容。

如图 5.1.22 所示的对话框提示新旧模板的可编辑区域名称不匹配，或是文件中不存在可以同新模板匹配的可编辑区域，这时就会询问是否要删除文件中无关的可编辑区域，或将现有文件的内容放入某个可编辑区域中。

要将现有内容指定给新文件中的可编辑区域，可在"将内容移到新区域"下拉列表框中，执行以下操作之一。

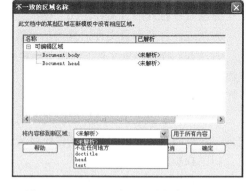

图 5.1.22 "不一致的区域名称"对话框

- 如果选择"不在任何地方"，则不保留文件中无法放置的内容。
- 如果选择某个可编辑区域的名称，则在该可编辑区域放置文件中现有的内容。
- 若要将所有未解决的内容移到选定的区域，则单击"用于所有内容"按钮。

 任务总结

通过这一任务的学习，可以掌握模板的应用。首先利用已有文件创建模板（或先创建空模板再编辑内容），在模板中定义可编辑区域，然后利用模板批量创建基于模板的新文件，也可以应用模板到已有文件。维护时，可以通过修改模板，更新所有基于同一模板的文件，可以快速修改网页。必要时，可以将文件与模板分离开，使之成为普通的文件完成对内容的编辑。这些操作应勤加练习，达到熟练掌握的程度。

任务二　库项目的应用

模板主要是从整体上控制文件的风格，库项目则是从局部维护文件的风格。一个站点的网页内容千变万化，但其中的各个网页总会有相同的地方。如很多网站的网页一般都有相同的头部，在网页底部有相同的脚注等。把这些相同信息抽取出来存放在一起，就构成了库，库中的各个元素称为库项目，可以将任何网页元素创建为库项目。在 Dreamweaver 中，每个库项目都对应一个单独的文件，文件扩展名为.lbi。所有的库项目文件都被保存在一个文件夹中，该文件夹名默认为"站点\Library"。

知识准备

1. 利用库项目创建网页

1）创建库项目

（1）将文件中已有内容创建为库项目。

（2）创建空白库项目。

2）应用库项目

创建了库项目之后，就可以在所需要的网页中应用了。

2. 利用库项目更新网页

1）编辑库项目和更新网页

2）库项目的管理
（1）重命名库项目。
（2）删除库项目。
（3）解除库项目内容与原始库项目的关联。

插入到文件中的库项目是作为一个整体存在的，无法在文件中直接对它进行编辑。如果要在文件中编辑库项目内容，则可以解除库项目内容与原始库项目之间的关联，使其成为普通的文件内容。

（4）重建库项目。

如果不小心误删除了库项目，虽然插入了该库项目的文件不会受到影响，但是以后却无法利用该库项目对文件进行自动更新了。如果要让该库项目重新发挥作用，可以根据插入到文件中的库项目内容来重建被删除的库项目。

项目实施

为构建好的校园网制作"校园新闻"系列网页。

将本地站点的"校园新闻"系列网页中的相同元素制作成库项目。

将库项目应用到系列网页中。

构建好相关网页，如图 5.2.1 所示。通过更新其中的库项目，实现对系列网页的快速更新。

图 5.2.1 已构建好的"xyxw.html"网页文件

操作方法

1. 创建库项目

将网页元素创建为库项目，操作步骤如下。

步骤 1：打开 xyxw.html，选取网站 logo。

步骤 2：在菜单栏中选择"修改"→"库"→"增加对象到库"选项，系统自动打开"库"面板，如图 5.2.2 所示。如果所选内容应用了样式，则系统还会同时弹出如图 5.2.3 所示的提示框，单击"确定"按钮，此时在"库"面板的项目列表中，出现了一个未命名的库项目。

步骤 3：为新建的库项目输入名称"top1"，单击名称区域之外的任意位置或按"Enter"键，完成一个新库项目的创建。

至此，Dreamweaver 软件已在本地站点的根文件夹中自动创建了"Library"文件夹，并将创建的库项目保存为一个单独的文件 top1.lbi。

采用上述方法将系列网页所具有的相同内容创建为库项目 top2.lbi、left1.lbi、left2.lbi 和 bottom.lbi。

说明：

将应用了样式的内容添加为库项目时，为保持效果一致，可在该库项目文件中链接对应的样式表文件。

图 5.2.2 "库"面板

图 5.2.3 "Adobe Dreamweaver CS3"提示框

2. 应用库项目

将库项目 top1.lbi、top2.lbi、left1.lbi、left2.lbi 和 bottom.lbi 应用到 xinwen1_lib.html～xinwen5_lib.html 页面中，操作步骤如下。

步骤 1：打开"项目 5\ksucai"文件夹中的 xinwen1_lib.html 文件。

步骤 2：将插入点定位在表格最上方的单元格中，在库项目列表中选定库项目 top1.lbi，执行下列操作之一。

- 用鼠标拖曳库项目 top1.lbi 到指定的单元格中释放。
- 单击"库"面板左下角的插入按钮 插入 。
- 单击"库"面板菜单，选择"插入"选项。
- 用鼠标右键单击"库"面板中所选的库项目，从弹出的快捷菜单中选择"插入"选项，如图 5.2.4 所示。

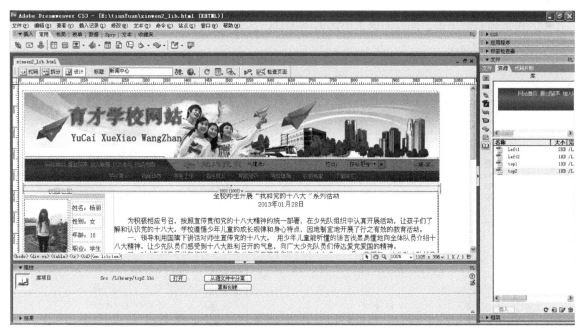

图 5.2.4　应用库项目创建新文件

步骤 3：保存网页。重复上述方法完成 xinwen2_lib.html～xinwen5_lib.html 的编辑，并以原文件名保存。

至此，应用库项目创建了 5 个风格相同的文件。

知识拓展

1. 利用库项目创建网页

1）创建库项目

（1）将文件中已有内容创建为库项目。打开"资源"面板，单击左侧的"库"类别按钮，如图 5.2.5 所示，选定需要保存为库项目的内容，执行下列操作之一。

- 将选定内容拖到"资源"面板的"库"类别中。
- 在"资源"面板中，单击"库"类别底部的"新建库项目"按钮。
- 打开面板菜单，选择"新建库项"选项，如图 5.2.6 所示。

在菜单栏中选择"修改"→"库"→"增加对象到库"选项，系统自动打开"库"面板，如图 5.2.5 所示。如果所选内容应用了样式，系统还会同时弹出如图 5.2.3 所示的提示框，单击"确定"按钮。

（2）创建空白库项目。在"资源"面板中，单击"库"类别底部的"新建库项目"按钮，此时在库项目列表中出现一个新的未命名的库项目，输入名字，按"Enter"键或单击名称区域之外的任意位置完成空白库项目的创建。双击库项目，可以在文件窗口中对库项目进行编辑操作。

2）应用库项目

创建了库项目之后，就可以在所需要的网页中应用了。

打开需要应用库项目的网页文件，将插入点定位到指定位置，执行下列操作之一。

- 用鼠标拖曳库项目到指定位置释放。
- 单击"库"面板左下角的插入按钮。
- 单击"库"面板菜单，选择"插入"选项。

- 用鼠标右键单击"库"面板中所选的库项目,从弹出的快捷菜单中选择"插入"选项,如图 5.2.6 所示。

图 5.2.5 "库"面板

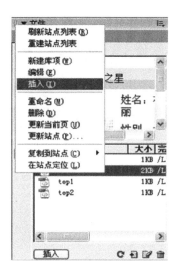

图 5.2.6 "库"面板快捷菜单

🔔说明:

由于被插入的对象都是库项目,所以在文件窗口中都是以黄色为背景的。

2.利用库项目更新网页

1)编辑库项目和更新网页

在库项目列表中选定库项目,执行以下操作之一。

- 鼠标双击库项目。
- 单击"库"面板右下角的"编辑"按钮。
- 单击"库"面板菜单,选择"编辑"选项。
- 用鼠标右键单击库项目,从弹出的快捷菜单中选择"编辑"选项,如图 5.2.6 所示。

保存文件,打开"更新库项目"对话框,如图 5.2.7 所示,单击"更新"按钮,系统随即打开"更新页面"对话框,如图 5.2.8 所示。单击"关闭"按钮,本地站点中所有应用库项目的文件同时实现了更新。

图 5.2.7 "更新库项目"对话框

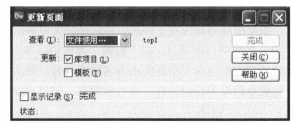

图 5.2.8 "更新页面"对话框

🔔说明:

在"更新库项目"对话框中,如果单击"不更新"按钮,将不更改任何文件。如果以后要对某个应用该库项目的文件进行更新,则可以使用下列方法之一。

- 打开要更新的包含该库项目的文件,在菜单栏中选择"修改"→"库"→"更新当前页"选项。

- 如果要更新整个网站，则可以在菜单栏中选择"修改"→"库"→"更新页面"选项。

2）库项目的管理

（1）重命名库项目。选中要重新命名的库项目，执行以下操作之一。
- 在库项目名称上再单击一次，激活其文本输入状态。
- 单击鼠标右键，在弹出的快捷菜单中选择"重命名"选项。
- 在"库"面板菜单中选择"重命名"选项。

输入新的名称，在名称外面单击鼠标或按"Enter"键，完成库项目的重命名。

（2）删除库项目。选定要删除的库项目，执行以下操作之一。
- 单击"库"面板右下角的"删除"按钮 🗑。
- 在"库"面板菜单中选择"删除"选项，如图 5.2.6 所示。
- 单击鼠标右键，在弹出的快捷菜单中选择"删除"选项。
- 按"Delete"键。

⚠ 注意：
库项目被删除后，对应的库项目文件也被删除，而且无法恢复，但可以重新创建。

（3）解除库项目内容与原始库项目的关联。在文件中选中库项目内容，单击库项目"属性"面板上的"从源文件中分离"按钮，如图 5.2.9 所示，或用鼠标右键单击库项目内容，在弹出的快捷菜单中选择"从源文件中分离"选项。此时，打开如图 5.2.10 所示的提示框，单击"确定"按钮，解除文件与该库项目的关联。这样原来为库项目的内容就成为普通的文件内容，就可以任意进行编辑了，但以后再也不能利用库项目进行自动更新了。

图 5.2.9　库项目的"属性"面板

图 5.2.10　"Adobe Dreamweaver CS3"提示框

（4）重建库项目。在文件中选中插入的库项目内容，单击库项目"属性"面板上的"重新创建"按钮，或用鼠标单击库项目内容，在弹出的快捷菜单中选择"重建"选项。如果库项目不存在，则会重建对应的库项目；如果这个库项目已经存在，则会出现一个提示框，询问是否覆盖它。

在库项目中使用 CSS 样式时，注意尽量不要创建复杂的标签类型的 CSS 样式，因为标签类型的 CSS 样式定义后，所有引用该样式表的文件中只要有定义的 HTML 标签，其样式就要起作用。如果网页比较复杂，也比较多，而且都在引用同一个样式表时，在定义标签类型的 CSS 样式时就要特别小心了。

任务总结

　　库项目的应用与模板相似。先利用已有文件创建库项目（或者先创建空的库项目再编辑内容），然后在新文件或已有文件中插入库项目。维护时，可以通过编辑库项目，更新所有插入了该库项目的文件，实现快速修改网页。必要时，可以解除库项目内容与原始库项目的关联，使其成为普通的文件。若误删除了库项目，可以根据插入到文件中的库项目内容来重建库项目。在使用过程中要注意，尽量不要在同一个文件中既使用模板又使用库项目，否则会发生一些莫名其妙的更新，出现一些意想不到的结果。

课外习题

选择题

1. 库文件的扩展名为（　　）。
   A．.htm　　　　　B．.asp　　　　　C．.dwt　　　　　D．.lbi
2. 关于库的说法错误的是（　　）。
   A．插入到网页中的库可以从网页中分离
   B．可以直接修改插入到网页中的库内容
   C．对库内容进行修改后通常会自动更新插入了库的网页
   D．可以选择"修改"→"库"→"更新页面"选项对添加库的页面进行更新
3. 模板文件的扩展名为（　　）。
   A．.htm　　　　　B．.asp　　　　　C．.dwt　　　　　D．.lbi
4. 对模板和库项目的管理主要是通过（　　）。
   A．"资源"面板　　B．"文件"面板　　C．"层"面板　　D．"行为"面板
5. 关于模板的说法错误的是（　　）。
   A．应用模板的网页可以从模板中分离
   B．在"资源"面板中可以利用所有站点的模板创建网页
   C．在"资源"面板中可以重命名模板
   D．对模板进行修改后通常会自动更新应用了该模板的网页

项目六　制作"新闻动态详细信息"

核心技术

- ◆ 掌握框架的基本概念
- ◆ 掌握创建框架结构的方法
- ◆ 掌握编辑框架页面的方法
- ◆ 掌握框架页面导航的链接方法
- ◆ 掌握设置框架和框架集属性的方法

任务目标

- ◆ 任务一：框架网页的创建和保存
- ◆ 任务二：框架属性设置

知识摘要

- ◆ 创建框架结构
- ◆ 框架页面导航的链接
- ◆ 保存框架文件

项目背景

由于近期网络的用户较多，导致学校网站在打开时速度变慢。为了提高网络的利用率，要求网站管理员对网页进行优化。对网站内固定不变的部分，或者占用流量比较多的部分，实现仅加载一次，从而降低服务器的负担，提高网站的利用率。

项目分析

在浏览一些网站时可以发现，当单击页面上的某个超级链接时，会打开一个新的浏览器窗口，而几个页面中往往会有一些相同的结构，或者有一些固定不变的元素。如何进行优化，让固定不变的元素不因为打开不同的页面而重新加载呢？这就需要使用框架技术。

框架技术可以将浏览器窗口划分为若干个区域，每个区域可以分别显示不同的网页，从而使用户能够一次浏览更多的内容。

应用框架技术制作"校园新闻详细信息"网页，效果如图6.1.1所示。在浏览网页时，单击某个新闻标题，则对应的链接内容便显示在窗口右侧，而顶部的网站标志和左侧的内容仍然显示在屏幕上，如图6.1.2和图6.1.3所示。当单击一个超链接时，并不会打开一个新的网页，而仅是更新窗口中的部分内容。

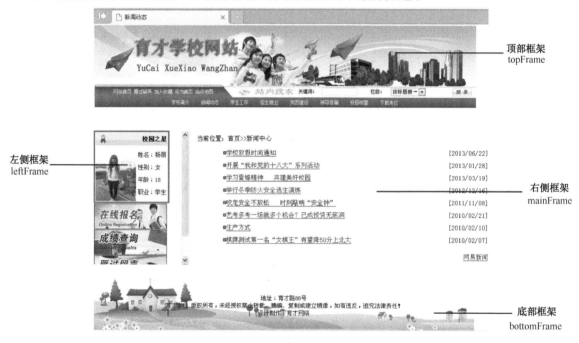

图 6.1.1 利用框架结构设计的页面

本项目实质上是一个应用了"上方固定，左侧嵌套"框架结构的网页。这种框架结构的页面被分成了3个区域，每一个区域都是一个框架（frame），而这些框架的集合，就称为框架集（frameset）。

由于每个框架都包含一个网页，因此文件窗口虽然被分成了4个框架，但却用到了5个网页，即4个框架网页和1个包含框架数、框架大小、载入框架等信息的框架集网页。5个网页文件如下所示。

（1）框架集网页。
（2）顶部框架topFrame中包含的网页文件。
（3）左侧框架leftFrame中包含的网页文件。
（4）右侧框架mainFrame中包含的网页文件。

项目六 制作"新闻动态详细信息" / 83

图 6.1.2 新闻 1 框架结构页面　　　　　　图 6.1.3 新闻 2 框架结构页面

（5）底部框架 bottomFrame 中包含的网页文件。

因此，在保存这个框架集网页时，需要保存 5 个文件。

项目目标

通过框架应用实例来详细介绍框架的基本操作，包括创建框架结构、编辑框架页面、设置框架和框架集属性等。保存使用框架结构的网页文件对初学者来说有一定的难度，请反复练习，以达到熟练掌握的程度。

任务一　框架网页的创建和保存

知识准备

1．初识框架网页

如图 6.1.4 所示，插入一个预定义的框架集，即应用"上方固定，左侧嵌套"框架结构的页面。

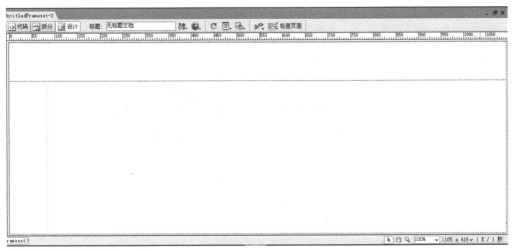

图 6.1.4 插入"上方固定，左侧嵌套"框架结构的页面

2．创建框架结构

利用 Dreamweaver 软件可以很容易地创建框架，Dreamweaver 同时提供了多种创建框架的方法，

读者既可以自己随意建立框架集，也可以使用 Dreamweaver 提供的预定义的框架集。

1）插入框架集

（1）创建预定义的框架集。在 Dreamweaver 中创建框架，最简单的方法就是插入预定义的框架集。

（2）自定义框架集。

2）增加/删除框架

3．保存框架集网页

正确保存框架集网页和其中的每一个框架页面是非常重要的。

项目实施

利用框架结构为构建好的校园网制作"校园新闻"网页。

构建好相关网页，如图 6.1.1～图 6.1.3 所示。

在页面中创建框架集和框架，并对页面布局进行适当的调整；保存框架集文件和框架文件；输入框架页面内容。

操作方法

将 index6.html 网页分解为 4 个文件：index6_top.html、index6_left.html、index6_main.html、index6_bottom.html，如图 6.1.5～图 6.1.8 所示。

1．插入框架集

可采用自定义框架集的方法完成框架集的创建。在这里，用 Dreamweaver CS3 软件预定义框架集与用户自定义框架集结合的方法完成此项目。根据本项目要求，需要创建一个如图 6.1.9 所示的框架集。

图 6.1.5　index6_top.html 网页

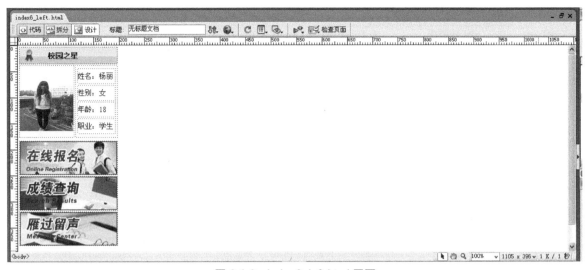

图 6.1.6　index6_left.html 网页

图 6.1.7　index6_main.html 网页

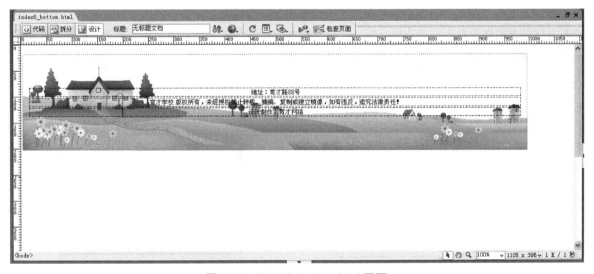

图 6.1.8　index6_bottom.html 网页

图 6.1.9 框架集页面

步骤 1：新建一个网页文件。

步骤 2：在菜单栏中选择"查看"→"可视化助理"→"框架边框"选项，显示出立体的灰色框架边框。

步骤 3：在"插入"工具栏的"布局"类别中，单击"框架"按钮上的下拉箭头，然后选择预定义的框架集（"上方固定，左侧嵌套"框架结构）。

步骤 4：在弹出的"框架标签辅助功能属性"对话框中，可以为每一个框架指定一个标题，如图 6.1.10 所示。本例使用默认值，单击"确定"按钮。

在文件窗口中便出现了包含 3 个区域的"上方固定，左侧嵌套"类型的框架集，如图 6.1.4 所示。

步骤5：移动光标到框架集页面底部框架边框上，当光标变成上下箭头时，向上拖动到适当位置，松开鼠标。整个框架集页面创建完成，如图 6.1.9 所示。

插入框架集后，将鼠标移动到框架边框，当鼠标指针变成上下或左右箭头时，可以轻松地调整各个框架的大小。

此时，观察"框架"面板，其中显示了当前框架集的结构，立体的灰色边框为框架集的边框，而没有立体效果的细边框为框架边框，每一个框架都有自己的名字，用于区别其他框架。默认的框架名分别为 topFrame、leftFrame 和 mainFrame，而自定义的框架名为"没有名称"，如图 6.1.11 所示。

图 6.1.10 "框架标签辅助功能属性"对话框

图 6.1.11 自由创建的框架集所对应的"框架"面板

2. 保存框架集网页

分别保存框架集网页和各个框架中的网页文件，操作步骤如下。

步骤 1：在文件窗口中，单击任一框架边框，在文件窗口左下角"标签选择器"上出现"<frameset>"，表示已经选中整个框架集。

步骤 2：选择"文件"菜单下的"保存框架页"选项，在"另存为"对话框中将框架集网页保存到本地站点下的"项目 6\result"文件夹中，命名为 index6.html。

步骤 3：将插入点置于顶部框架，选择"文件"菜单下的"保存框架"选项，在"另存为"对话框中将顶部框架中的网页保存到本地站点下的"项目 6\result"文件夹中，命名为 index6_top.html。

用相同的方法，分别将左侧框架、右侧框架和底部框架中的网页分别保存到本地站点下的"项目 6\result"文件夹中，命名为 index6_left.html、index6_main.html 和 index6_bottom.html。至此，与框架关联的所有文件全部保存完毕。

若有框架文件忘记保存，则直接按"F12"键预览框架集网页时，会弹出如图 6.1.12 所示的提示框，提示用户在预览框架集网页之前必须先进行保存文件的操作。单击"确定"按钮，保存并预览网页。

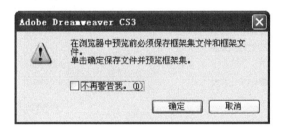

图 6.1.12 "Adobe Dreamweaver CS3" 提示框

3. 编辑框架集页面内容

编辑框架集页面内容有下列两种方法：

① 利用前面所学知识，直接在相应的框架中输入内容。

② 将框架中的网页文件事先编辑好，然后在框架中导入。

这两种不同的编辑方法使得保存框架集网页的操作过程有所不同。本例主要讲解第二种方法。

首先，在 4 个区域（框架）中分别制作源网页。

（1）制作顶部框架网页文件，即 index6_top.html 页面，操作步骤如下。

步骤 1：打开保存了的网页文件 index6_top.html，此时为空白页面。

步骤 2：将页面"左边距"与"上边距"设为 0。在其中插入宽度为 1000 像素的两行一列表格，将第一行单元格的高度设为 152 像素，插入图像 top.jpg；将第二行单元格的高度设为 53 像素，插入图像 top1.jpg。

步骤 3：保存网页并按"F12"键预览网页，如图 6.1.5 所示。

（2）制作左侧框架网页文件，即 index6_left.html 页面，操作步骤如下。

步骤 1：打开保存了的网页文件 index6_left.html，此时为空白页面。

步骤 2：将页面"左边距"与"上边距"设为 0。插入宽度为 200 像素的两行二列表格，将第一行的两个单元格合并，高度设为 33 像素，链接外部样式表 ys1.css 文件，设置背景，输入内容；在第二行第一个单元格中插入图像 pic1.jpg，在第二个单元格内嵌套一个四行一列的表格，输入内容即可。

步骤 3：在上一表格下面继续插入一个宽度为 200 像素的三行一列的表格，从上至下的单元格内分别插入图像 a_03.gif、a_06.gif、a_08.gif。

步骤 4：保存网页并按"F12"键预览网页，如图 6.1.6 所示。

(3) 制作右侧框架网页文件，即 index6_main.html 页面，操作步骤如下。

步骤 1：打开保存了的网页文件 index6_main.html，此时为空白页面。

步骤 2：绘制 AP Div，分别设置宽度和高度为 755 像素、387 像素。在其中插入宽度参数为 100% 的一行一列表格，输入内容"当前位置：首页>>新闻中心"；将光标移动到表格后面，继续插入一个宽度参数为 100% 的八行三列表格，适当调整单元格宽度，在表格第一列全部插入图像 icon2.gif，在表格第二列输入各个新闻标题，在表格第三列输入时间。

步骤 3：将光标移动到表格之后，按"Enter"键，在下一行输入"网易新闻"，文字靠右对齐。

步骤 4：保存网页并按"F12"键预览网页，如图 6.1.13 所示。

图 6.1.13　未创建超级链接的 index6_main.html 页面

(4) 制作底部框架网页文件，即 index6_bottom.html 页面，操作步骤如下。

步骤 1：打开保存了的网页文件 index6_bottom.html，此时为空白页面。

步骤 2：插入宽度为 1000 像素的一行一列表格，链接外部样式表 ys2.css 文件，填充背景图像，然后在其中嵌套一个三行一列的表格，适当调整宽度，输入文字，设置字体大小为 12px。

步骤 3：保存网页并按"F12"键预览网页，如图 6.1.8 所示。

此时，源网页文件制作完成。接下来，需要在各个框架中导入源网页，这一内容将在下一任务中完成。

知识拓展

1．创建框架结构

1) 插入框架集

(1) 创建预定义的框架集。在 Dreamweaver 中创建框架，最简单的方法就是插入预定义的框架集。为了便于以后观察和操作，在创建框架之前应先打开"框架"面板（在菜单栏中选择"窗口"→"框架"选项或按"Shift"+"F2"组合键），如图 6.1.14 所示。由于当前没有在页面中插入框架，因此显示为"不包含框架"。

方法一：在"插入"工具栏的"布局"类别中，单击"框架"按钮上的下拉箭头，然后选择预定义的框架集，如图 6.1.15 所示。

图 6.1.14 "框架"面板　　　　图 6.1.15 "插入"工具栏"布局"类别中的预定义框架集

方法二：在菜单栏中选择"插入记录"→"HTML"→"框架"选项，从子菜单中选择预定义的框架集。

方法三：在菜单栏中选择"文件"→"新建"选项，弹出"新建文档"对话框，单击左侧"示例中的页"选项卡，然后选择"示例文件夹"中的"框架集"，在右侧的"示例页"列表框中提供了一些基本的框架集，如图 6.1.16 所示。选中要使用的框架后，单击"创建"按钮即可完成。

（2）自定义框架集。除了使用系统提供的预定义的框架集创建外，还可以自定义框架集，但在此之前，需要保证框架边框是可见的。

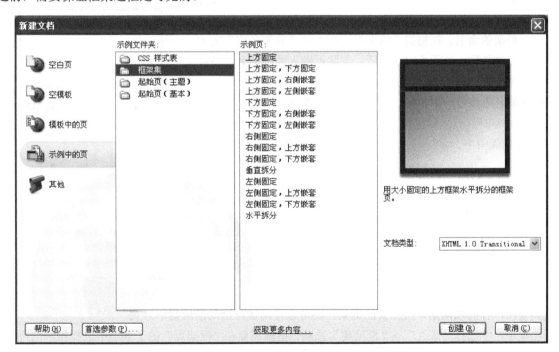

图 6.1.16 "新建文档"对话框中的"框架集"分类

例如，创建一个"上方固定，左侧嵌套"的框架集，操作方法如下。

① 新建一个网页文件,在菜单栏中选择"查看"→"可视化助理"→"框架边框"选项,显示出立体的灰色框架边框。

② 将光标置于文件窗口框架的上边框,待光标变为双箭头的形状后,按住鼠标左键向下拖动到适当的位置,这样就建立了一个上下结构的框架集,如图 6.1.17 所示。

③ 在按住"Alt"键的同时,单击下方区域。然后按住鼠标左键向右拖动左下边框到适当的位置,如图 6.1.18 所示。至此,一个框架集创建完成,利用这种方法可以自由建立自己所需要的框架集。

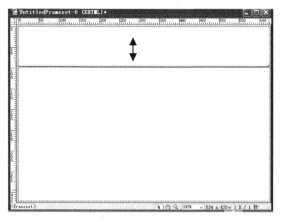
图 6.1.17 光标停留在文件窗口的上边框

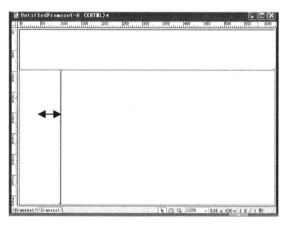
图 6.1.18 向右拖动左下边框到适当的位置

注意:

自定义框架集的框架名称均为"没有名称",如图 6.1.19 所示。由于框架名称将被作为超级链接的目标和脚本的引用,因此需要为框架命名。

(3) 框架的命名。在框架"属性"面板上的"框架名称"文本框中输入相应名称,如图 6.1.20 所示。在这里输入的框架名称将被作为超级链接的目标和脚本的引用。因此,命名框架必须符合以下要求:框架名应该是一个单词,允许使用下画线(_),但不能使用横线(—)、句号(.)和空格。框架名应以字母开头,不要使用 JavaScript 的保留字。

图 6.1.19 自定义创建的框架集所对应的"框架"面板

图 6.1.20 框架"属性"面板

2) 增加/删除框架

如果在已有的框架集中增加新的框架,则可以使用鼠标拖动法或菜单方式。

在菜单栏中选择"修改"→"框架集"选项,根据需要在"框架页"的子菜单中选择相应的选项,如图 6.1.21 所示。

如果在框架集中想删除因误操作而产生的多余框架,只需使用鼠标将欲删除的框架边框向文件窗口的边缘拖去,直到离开页面为止;或通过拖动要删除的框架边框到父框架的边框上,这样也可删除框架。

图 6.1.21 修改框架子菜单

2．保存框架集网页

正确地保存框架集网页和其中的每一个框架页面是非常重要的。

方法一：保存框架集网页和各个框架中的网页文件，如图 6.1.22 所示。

框架集创建完成后，在文件窗口中单击框架边框，以选中整个框架集。在菜单栏中选择"文件"→"保存框架页"选项，在"另存为"对话框中将框架集网页保存到本地站点的根文件夹中。然后将插入点分别置于各个框架，在菜单栏中选择"文件"→"保存框架"命令，在"另存为"对话框中将各个框架中的网页保存到本地站点的根文件夹下。至此，与框架关联的所有文件全部保存完毕。

方法二：同时保存与框架关联的所有网页文件。

在菜单栏中选择"文件"→"保存全部"选项，如图 6.1.23 所示。

图 6.1.22 保存框架集网页和各个框架中的网页文件 　　图 6.1.23 保存与框架关联的所有网页文件

🔔**注意：**

如何知道保存的文件是哪一部分要看文件窗口中出现的虚线框。当前正在保存的网页文件是被虚线框围住的框架中的文件。

如果仅修改了某一个框架中的文件的内容，则可以选择"文件"→"保存框架"选项进行单独保存。如果要给框架中的文件改名，则可以选择"文件"→"框架另存为"选项进行换名保存。如果要把框架保存为模板，则可以选择"文件"→"框架另存为模板"选项进行保存。

 任务总结

任务一主要让大家学习如何创建基于框架的网页文件并对页面布局进行适当调整，同时要求掌握保存框架集文件和框架文件的方法，这些基本操作对学习后续内容有着重要的意义。

任务二 框架属性设置

知识准备

根据网站的外观需要，修饰框架集网页的外观及属性。

1. 设置框架集属性

框架集属性包括框架的大小和框架之间边框的颜色、宽度等。

2. 设置框架属性

框架属性包括框架的名称、源文件、边距、滚动和边框等。

3. 设置框架中的链接目标

选择不同的框架名称，链接文件将在不同的框架中打开。

项目实施

 **任务描述**

利用框架结构为构建好的校园网制作"校园新闻"网页。

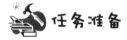 **任务准备**

构建好相关网页，即框架集中的源网页与各个新闻网页，如图 6.2.1 所示。

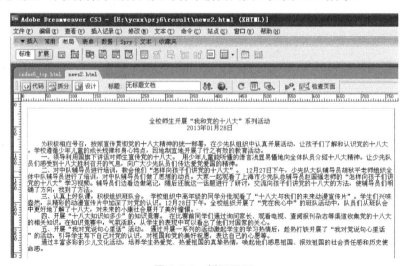

图 6.2.1 新闻页面

（1）通过设置框架和框架集属性，来改变框架网页的外观等。
（2）确认链接目标的框架设置，使所有链接内容出现在正确的区域内。

操作方法

1．在各个框架中导入源网页

步骤 1：在"框架"面板上单击顶部框架 topFrame，在框架"属性"面板"源文件"文本框中指定源文件为"项目 6\result2\index6_top.html"，如图 6.2.2 所示。

图 6.2.2　topFrame 框架"属性"面板

步骤 2：在文件窗口将插入点置于页面顶部框架内，然后在菜单栏中选择"文件"→"在框架中打开"选项。

采用上述方法，依次在左侧框架 leftFrame、右侧框架 mainFrame 和底部框架 bottomFrame 中导入网页 index6_left.html、index6_main.html 和 index6_bottom.html。

2．设置框架集属性

精确调整框架大小，使顶部框架的行高为 210 像素，底部框架的行高为 130 像素，左侧框架的列宽为 202 像素。操作步骤如下。

步骤 1：执行下列操作之一，选择外框架集。
- 在文件窗口的设计视图中单击框架集中上、下两个框架之间的边框。
- 在"框架"面板中单击围绕外框架集的立体边框。

被选中的框架集边框在"框架"面板中被加黑显示，如图 6.2.3 所示。此时打开的"属性"面板为整个框架集的"属性"面板，如图 6.2.4 所示。

图 6.2.3　在"框架"面板中选中外框架集

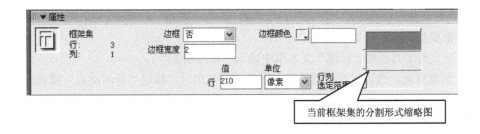

图 6.2.4　框架集"属性"面板

步骤 2：在"值"文本框中输入"210"，并在"单位"下拉列表框中选择"像素"，将顶部框架中的图像正好完全显示出来。

步骤 3：单击"框架集缩略图"中的底部框架，在"值"文本框中输入"130"，并在"单位"下拉列表框中选择"像素",将底部框架中的图像完全显示出来。

步骤 4:在"框架"面板上单击中间的立体边框,选中内框架集。被选中的内框架集边框在框架面板中被加黑显示,如图 6.2.5 所示。此时打开的"属性"面板为内框架集的"属性"面板,如图 6.2.6 所示。

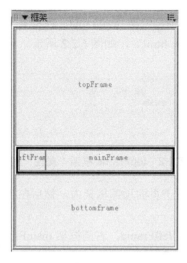

图 6.2.5 在"框架"面板中选中内框架集

图 6.2.6 在框架集的"属性"面板上设置列宽

步骤 5:在"值"文本框中输入"202",并在"单位"下拉列表框中选择"像素",将左侧框架中的内容完全显示出来。

3. 为框架集网页 INDEX6.HTML 设置文件标题

步骤 1:查看文件窗口标题栏上的文件名是否为"index6.html",如果不是,则选中框架集(注意,选中的对象是框架集,而不是某个框架)。

步骤 2:在文件工具栏的"标题"文本框中输入"新闻动态"。

步骤 3:预览页面。当访问者在浏览器中查看该框架集时,标题"新闻动态"就显示在了浏览器的标题栏中。

4. 设置框架属性

在浏览框架集网页 index6.html 时,如果浏览器窗口较小,则框架集中的内容只能显示一部分。此时,需要为框架添加滚动条,这样内容就可以显示出来了。

(1)自动为左侧框架添加滚动条。

步骤 1:执行下列操作之一,选择左侧框架。

- 在"框架"面板中单击 leftFrame 框架。
- 在文件窗口中,按住"Alt"键,在左侧框架中单击。

被选取的左侧框架在"框架"面板中被加黑显示的细线围住,而在文件窗口中被较细的虚线框围住。

步骤2:在"滚动"下拉列表框中选择"自动",这样浏览器会自动根据窗口的大小来判断是否需要出现滚动条。

步骤3:保存框架网页,左侧框架中添加了滚动条。

步骤4:预览网页,效果如图6.2.7所示。

(2)在index6.html的基础上设置边框的宽度为2,边框颜色自定。

步骤1:选中整个框架集。

步骤2:在框架集"属性"面板上将"边框"设置为"是","边框宽度"设置为"2","边框颜色"设置为"#0000FF",如图6.2.8所示。

步骤3:预览网页。

图 6.2.7　在左侧框架中自动设置滚动条后的效果

图 6.2.8　设置后的框架集"属性"面板

5. 设置框架中的链接目标

首先,为右侧框架中的新闻标题文本创建超级链接。例如,当单击"学校放假时间通知"链接时,在mainFrame框架中显示对应的链接内容,如图6.2.9所示。

步骤1:在右侧框架中,选取文本"学校放假时间通知",打开文本的"属性"面板。

步骤2:在"属性"面板上单击"浏览文件"按钮,选取要链接的文件"news1.html"。

图 6.2.9 "学校放假时间通知"链接文件在 mainFrame 框架中打开

步骤 3：在"属性"面板上的"目标"下拉列表框中选择框架名称"mainFrame"，如图 6.2.10 所示。

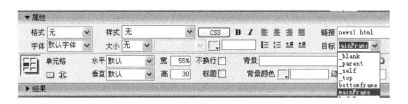

图 6.2.10 在"属性"面板上设置超级链接的目标

选择不同的框架名称，链接文件将在不同的框架中打开。

步骤 4：保存框架网页，浏览页面。单击"学校放假时间通知"链接时，对应的内容便会出现在窗口右边的框架中。

步骤 5：重复以上步骤，为其他新闻标题指定相应的超级链接目标，对应文件依次为 news2.html～news5.html，将最后三个新闻标题指定为空链接。

6. 为"网易"添加超链接

单击"网易"时，打开一个新窗口，链接到 163 网站。

步骤 1：选取文本"网易"，打开文本的"属性"面板。

步骤 2：在"属性"面板上"链接"文本框中输入链接网址，在"目标"下拉列表框中选择"_blank"，如图 6.2.11 所示。

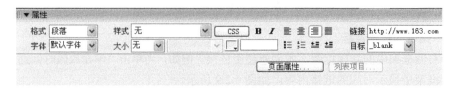

图 6.2.11 设置"网易"文本的"属性"面板

步骤 3：保存并预览网页。

知识拓展

1. 修饰框架集网页外观

框架集网页外观的修饰可以通过设置框架和框架集的属性来实现。每个框架和框架集都有自己的"属性"面板，使用"属性"面板可以查看和设置框架（或框架集）的属性。

1）设置框架集属性

利用框架集"属性"面板可以很方便地查看和设置框架集的属性，如图 6.2.12 所示。

图 6.2.12　框架集"属性"面板

框架集"属性"面板上各项的含义如下。

边框：确定在浏览器中查看文件时在框架周围是否应显示边框。若显示边框，则选择"是"；若使浏览器不显示边框，则选择"否"；要允许浏览器确定如何显示边框，则选择"默认"。

边框宽度：设置框架集中所有边框的宽度。

边框颜色：设置边框的颜色。

值：用于设置选定框架集的各行和各列的框架大小。在"行列选定范围"右侧的缩略图上单击左侧或顶部的矩形，则会选中相应的框架，然后在"值"文本框中输入高度或宽度。

单位："单位"下拉列表框中有 3 个选项。"像素"将选定列或行的大小设置为一个绝对值，对于应始终保持相同大小的框架而言，此选项是最佳选择；"百分比"指定选定框架行（或列）占所属框架集高度（或宽度）的百分数；"相对值"指定在为"像素"和"百分比"框架分配空间后，为选定框架行（或列）分配其余可用空间。设置框架大小的最常用方法是将左侧框架设置为固定像素宽度，将右侧框架大小设置为相对大小，这样在分配像素宽度后，能够使右侧框架伸展以占据所有剩余空间。

2）设置框架属性

使用框架"属性"面板可以查看和设置框架属性。

被选取的框架在"框架"面板中被加黑显示的细线围住，而在文件窗口中则被较细的虚线框围住。选中框架后，"属性"面板为选中框架的"属性"面板，如图 6.2.13 所示。

图 6.2.13　框架的"属性"面板

框架"属性"面板上各项的含义如下。

框架名称：用于修改当前选中框架的名称。

源文件：设置或显示当前框架中的网页文件。

滚动：指定在框架中是否显示滚动条。"滚动"下拉列表框中一共有 4 个选项，分别为"是"（显示滚动条）、"否"（不显示滚动条）、"自动"（当没有足够的空间显示当前框架的内容时自动显示滚动条）及"默认"（采用浏览器的默认值，大多数浏览器默认为"自动"）。

不能调整大小：选中该复选框后，访问者将无法通过拖动框架边框在浏览器中调整框架大小。

边框：在浏览器中查看框架时显示或隐藏当前框架的边框。为框架选择"边框"选项将重写框架集的边框设置。

"边框"选项包括"是"（显示边框）、"否"（隐藏边框）和"默认"3 种。大多数浏览器默认显示边框，除非父框架集已将"边框"设置为"否"。只有当共享该边框的所有框架都将"边框"设置为"否"，或者当父框架集的"边框"属性设置为"否"并且共享该边框的框架都将"边框"设置为"默认"时，边框才是隐藏的。

边框颜色：为所有框架的边框设置边框颜色，此颜色应用于和框架接触的所有边框，并且重写框架集的指定边框颜色。

边界宽度：以像素为单位设置左边距和右边距的宽度（框架边框和内容之间的空间）。

边界高度：以像素为单位设置上边距和下边距的高度（框架边框和内容之间的空间）。

△注意：
设置框架属性会覆盖框架集中设置的相应属性。

2．设置框架中的链接目标

选择不同的框架名称，链接文件将在不同的框架中打开，如图 6.2.14 所示。

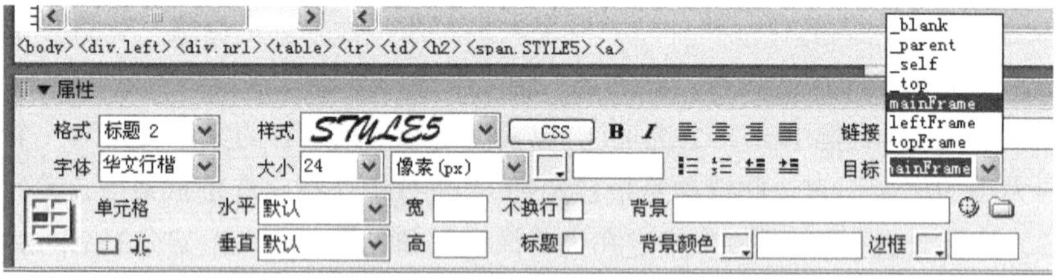

图 6.2.14　文本"属性"面板上设置链接目标

mainFrame：在窗口的右侧框架 mainFrame 中显示所链接的文件内容。

leftFrame：在窗口的左侧框架 leftFrame 中显示所链接的文件内容。

topFrame：在窗口的顶部框架 topFrame 中显示所链接的文件内容。

Dreamweaver 中提供了 4 个默认的框架名称，利用这些可以将链接的网页在新窗口或其他的框架中打开。

"目标"下拉列表框中的"_blank"、"_parent"、"_self"、"_top"选项是保留关键字。这些关键字的执行效果已经被定义了，因此可以直接使用。由于一般在定义框架名称时以字母开头，因此这些关键字都是以下画线"_"开头以示区分，其含义如下。

_blank（空白窗口）：在另一个新的窗口中显示链接内容，这样可以保留现有的窗口文件内容。

_parent（父窗口）：在上一层的框架集中显示链接内容（此选项必须在框架集嵌套的情况下才会产生效果）。

_self（当前窗口）：在本身所在的框架中显示链接内容，这样会覆盖当前框架中的所有内容。该选项是默认值。

_top（最高）：在整个浏览器窗口中显示链接内容，这样会覆盖当前框架中的所有内容。

浮动框架是一种较为特殊的框架形式，可以包含在许多元素当中，如层、单元格等。选择菜单栏中的"插入记录"→"标签"选项，打开"标签选择器"对话框，然后展开"HTML 标签"，在右侧列表中找到"iframe"，如图 6.2.15 所示。单击 插入(I) 按钮，打开"标签编辑器-iframe"对话框进行设置，如图 6.2.16 所示。浮动框架中包含的文件通过定制的浮动框架显示出来，可通过拖曳滚动条来滚动显示。虽然显示区域有所限制，但能灵活地显示位置及尺寸，使浮动框架具有不可替代的作用。

图 6.2.15 "标签选择器"对话框

图 6.2.16 "标签编辑器-iframe"对话框

 任务总结

本任务学习的内容包括：确认链接目标的框架设置，使所有链接内容都出现在正确的区域内，以及通过设置框架和框架集属性来改变框架网页的外观等。保存、使用框架结构的网页文件对初学者来说有一定的难度，请读者反复练习，以达到熟练掌握的程度。

课外习题

一、填空题

1. 一个包含两个框架的框架集实际上存在_____个文件。
2. 按下_____键，在要选择的框架内单击鼠标左键可将其选中。
3. 框架集用_____标志，框架用 frame 标志。
4. _____框架是一种较为特殊的框架形式，可以包含在许多元素当中，如层、单元格等。

二、选择题

1. 将一个框架拆分为上、下两个框架，并且使源框架的内容处于下方框架，应该选择的命令是（　　）。

    A．"修改"→"框架页"→"拆分上框架"　　B．"修改"→"框架页"→"拆分下框架"

    C．"修改"→"框架页"→"拆分左框架"　　D．"修改"→"框架页"→"拆分右框架"

2. 下列关于框架的说法正确的是（　　）。

    A．可以对框架集设置边框宽度和边框颜色

    B．框架大小设置完毕后不能再调整大小

    C．可以设置框架集的边界宽度和边界高度

    D．框架集始终没有边框

项目七 制作"用户注册"

核心技术

- ◆ 表单的属性及设置方法
- ◆ 常用表单元素的设置及使用方法
- ◆ 表单的验证方法

任务目标

- ◆ 任务一:简单表格布局基本页面
- ◆ 任务二:使用 Spry 验证注册表单

知识摘要

- ◆ 表单的属性
- ◆ 表单中不同元素的特性
- ◆ 表单内容的验证

项目背景

由于学校网站规模的扩大，网站需要根据不同的用户身份而展示不同的内容。对于校内人员来说，需要区分学生、教师及管理员身份的内容。对于校外人员来说，需要区分家长及未知客户。因此需要一个注册页面，用于收集用户的身份，保证非网站指定用户无法看到网站中的敏感信息。

项目分析

在网页设计中，如果要在网页间进行数据的传递和交换，一般需要使用 Form 表单技术来实现。由于数据有多种类型，因而在 Form 中也对应有不同的表单域，称为表单元素。为保证数据的有效性，需要采用一定的方法对数据进行验证。

项目目标

通过任务的展开，介绍表单的基本概念，详细阐述表单中各种元素的使用方法，如文本框、密码框、单选框、多选框、列表框等。由于表单在使用时，会有很多不确定性因素，所以为排除不确定性因素并确保用户输入的信息有效，需要对表单提交的内容进行一定程度的验证。

任务一　简单表格布局基本页面

知识准备

表单在网页中主要负责数据采集功能。

一个表单有以下三个基本组成部分。

表单标签：这里面包含了处理表单数据所用后台程序的 URL 及数据提交到服务器的方法。

表单域：包含了文本框、密码框、隐藏域、多行文本框、复选框、单选按钮、下拉选择框和文件上传框等。

表单按钮：包括提交按钮、复位按钮和一般按钮；用于将数据传送到服务器上的 CGI 脚本或取消输入，还可以用表单按钮来控制其他定义了脚本的处理工作。

项目实施

利用表格或 Div 对网页布局，为校园网制作用户注册页面。要求美观，并在布局的合适位置填入恰当的文字和图片。制作后的效果如图 7.1.1 所示。

图 7.1.1 制作完成后的页面效果

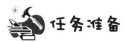任务准备

如果 Dreamweaver 中没有站点，则利用 Dreamweaver 创建一个站点。需要的素材"项目 7"放入站点中。需要用到的图片在"项目 7\images"文件夹下。保存的文件名为"zhuce.html"。文件格式要求是 HTML 静态页面。

操作方法

步骤 1：新建一个 HTML 网页文件，保存为"zhuce.html"，或者打开素材库中的"zhuce.html"。文件位置是"项目 7\zhuce.html"。网页效果如图 7.1.2 所示。

图 7.1.2 网页效果

步骤 2：将光标定位在"本站首页→在线注册"下面的一个单元格，单击表单工具栏上的"插入表单"按钮，如图 7.1.3 和图 7.1.4 所示。

图 7.1.3　"插入表单"按钮

图 7.1.4　设计视图

设置表单的属性，动作为"zhuce_ht.html"，目标为"_self"，提交方法为"POST"，如图 7.1.5 所示。

图 7.1.5　表单属性

步骤 3：在表单内插入一个表格。参数要求如图 7.1.6 所示。表格的 ID 设置为"tabMain"。

步骤 4：在表格"tabMain"的左侧分别输入提示性的文字，如姓名、年龄、性别、爱好、身份、地址、手机、邮箱、个人简介等，如图 7.1.7 所示。

图 7.1.6　表格参数

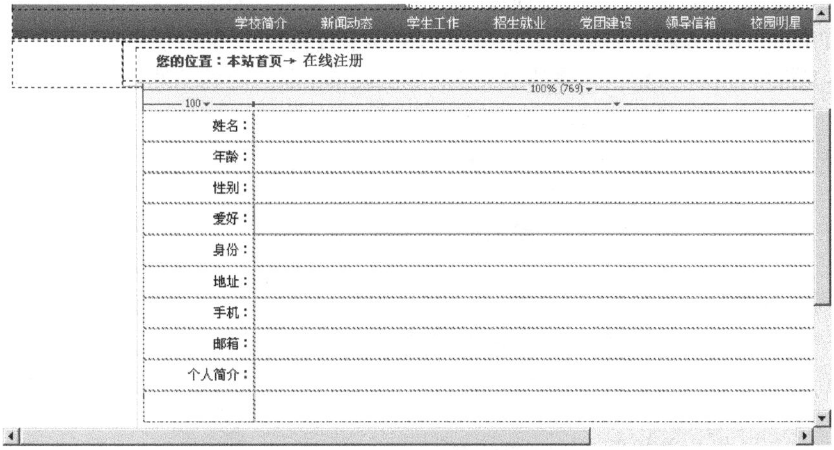

图 7.1.7　表格效果

步骤 5：选中姓名右侧的单元格，单击表单工具栏上的"插入文本框"按钮，如图 7.1.8 所示。

图 7.1.8 "插入文本框"按钮

设置文本框的属性,如图 7.1.9 所示,然后单击"确定"按钮。

图 7.1.9 设置文本框的属性

在设计视图选择插入的文本框,在"属性"面板设置文本框的属性,如图 7.1.10 所示。

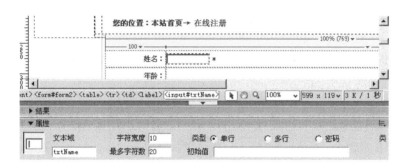

图 7.1.10 文本框属性

代码如图 7.1.11 所示。

```
<input name="txtName" type="text" id="txtName" size="10" maxlength="20" />
```

图 7.1.11 文本框代码

步骤 6:同样,依次插入"年龄"、"地址"、"手机"、"邮箱"右侧的文本框,分别命名为 txtAge、txtAddress、txtPhone、txtEmail,参数可以根据实际需要来设置。

步骤 7:将光标定位在"性别"右侧的单元格,单击表单工具栏上的单选按钮,如图 7.1.12 所示。

图 7.1.12 单选按钮

设置单选按钮的属性,如图 7.1.13 所示。

图 7.1.13 设置单选按钮的属性

再次插入一个单选按钮标签，标签文字设置为女，效果如图 7.1.14 所示。

图 7.1.14 单选按钮效果

在设计视图选择第一个单选按钮，设置其属性，名称为"txtSex"，选定值为"男"，初始状态为"已勾选"，如图 7.1.15 所示。

图 7.1.15 单选按钮属性 1

用同样的方法设置第二个单选按钮的属性，名称为"txtSex"，选定值为"女"，初始状态为"未选中"，如图 7.1.16 所示。

图 7.1.16 单选按钮属性 2

也可以通过添加单选按钮组的方式来添加单选按钮，添加的方法相对简单一些，如图 7.1.17 所示。

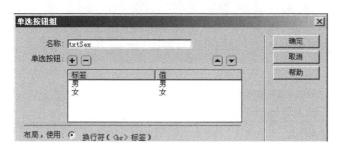

图 7.1.17 添加单选按钮组的方式

添加单选按钮组的时候一般会生成多余的代码，如
标签，生成的按钮组默认状态为每行一个单选按钮，如果页面排版需要水平的按钮组，则要转到代码窗口，删除多余的标签。

■小贴士：单选按钮

当表单中有多组单选按钮时，名称相同的单选按钮为同一组，选择其中一个单选按钮时，同组其他的单选按钮自动变为"未选中"状态。

步骤 8：将光标定位在"爱好"右侧的单元格，选择表单工具栏上的复选框 ☑，设置复选框的参数，如图 7.1.18 和图 7.1.19 所示。

图 7.1.18 复选框

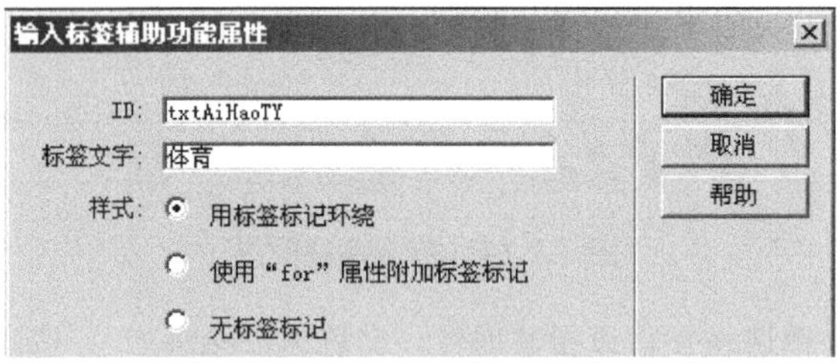

图 7.1.19 复选框标签属性

效果如图 7.1.20 所示。

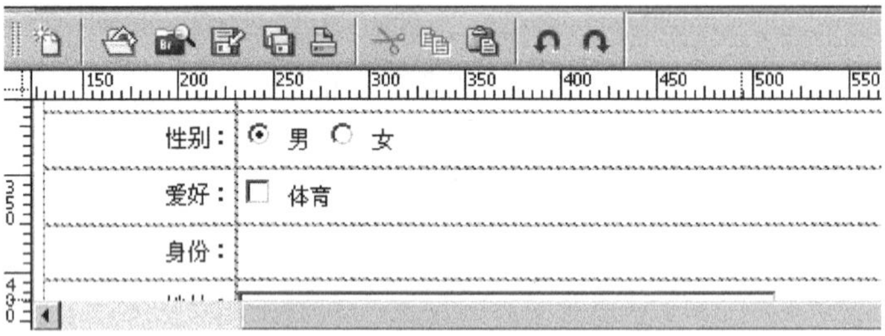

图 7.1.20 复选框效果

在设计视图中选择"体育"前面的复选框,在"属性"面板设置"体育"复选框的值为"体育"。

■小贴士:表单元素的值

在表单向下一个页面提交数据时,提交的数据往往由单选按钮或复选框的值来决定,这个值一般在插入单选按钮或复选框后在"属性"面板中手工设置。

其代码如下。

```
<input name="txtAiHaoTY" type="checkbox" id="txtAiHaoTY" value="体育" />
```

步骤 9:同样操作,插入另外两个复选框,分别为音乐和美术。

设计视图如图 7.1.21 所示。

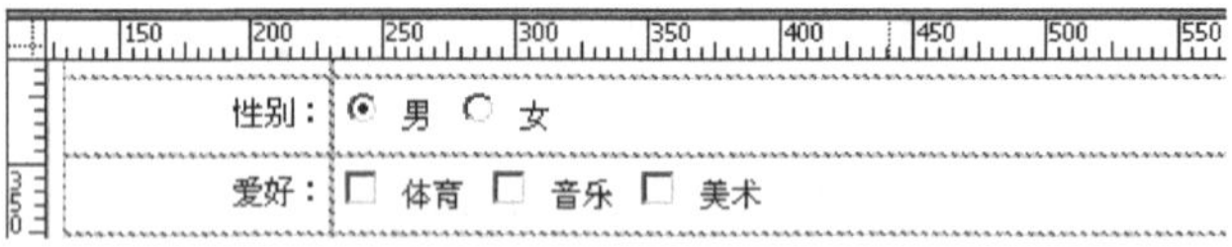

图 7.1.21 插入另外两个复选框

代码如图 7.1.22 所示。

```
77      <td>
78        <label>
79          <input name="txtAiHaoTY" type="checkbox" id="txtAiHaoTY" value="体育" /> 体育
80          <input name="txtAiHaoYY" type="checkbox" id="txtAiHaoYY" value="音乐" /> 音乐
81          <input name="txtAiHaoMS" type="checkbox" id="txtAiHaoMS" value="美术" /> 美术
82        </label>
83      </td>
```

图 7.1.22 复选框代码

步骤 10:将光标定位在"身份"右侧的单元格,在表单工具栏上单击"列表"按钮。设置列表的属性，如图 7.1.23 所示。

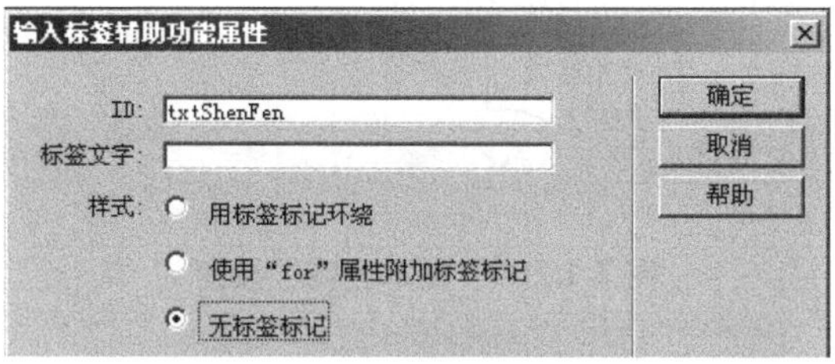

图 7.1.23 列表标签属性

设计视图如图 7.1.24 所示。

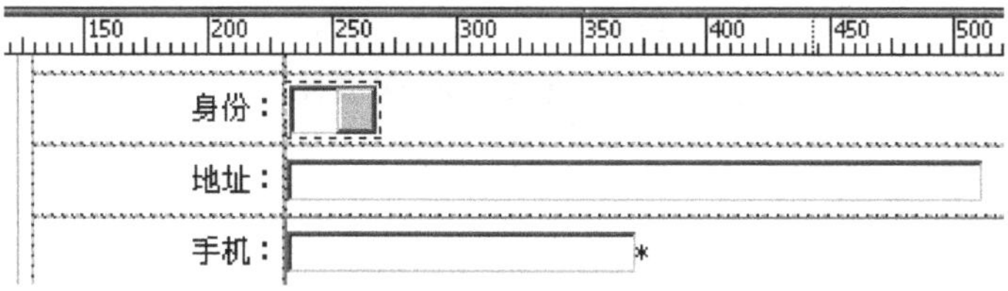

图 7.1.24 设计视图

选择"身份"右侧的列表框，在"属性"面板上单击"列表值"按钮，设置列表值，如图 7.1.25 和图 7.1.26 所示。

图 7.1.25 列表的"属性"面板

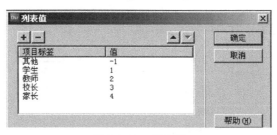

图 7.1.26 列表值

其代码如图 7.1.27 所示。

```
<td>
<select name="txtShenFen" id="txtShenFen">
 <option value="-1">其他</option>
 <option value="1">学生</option>
 <option value="2">教师</option>
 <option value="3">校长</option>
 <option value="4">家长</option>
</select>
</td>
```

图 7.1.27 列表代码

步骤 11：将光标定位在"个人简介"右侧的单元格，单击表单工具栏中的"文本区域"按钮，如图 7.1.28 所示。设置其标签属性，如图 7.1.29 所示。

图 7.1.28 "文本区域"按钮

图 7.1.29 文本区域标签属性

其代码如图 7.1.30 所示。

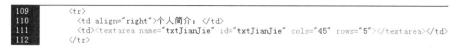

图 7.1.30 文本区域代码

步骤 12：将光标定位在"个人简介"右下方的单元格，选择表单工具栏中的按钮工具（如图 7.1.31 所示），设置其标签属性，如图 7.1.32 所示。

图 7.1.31 按钮工具

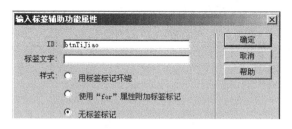

图 7.1.32 按钮工具标签属性

步骤 13：将光标定位在"提交"按钮右侧，插入两个不换行空格，"Ctrl+Shift+Space"组合键，再插入一个"重设"按钮，ID 为"btnChongShe"。在设计视图选择"重设"按钮，在"属性"面板设置第二个按钮的属性。动作设为"重设表单"，如图 7.1.33 所示。

■小贴士：按钮的分类

表单中的按钮一般包括三种，一种为提交按钮，一种为重置按钮，另一种为普通按钮。单击提交按钮可以将表单中所有元素的值提交到表单的"动作"（ACTION）中所指定的网页。重置按钮可以清除在表单内填入的所有内容。普通按钮一般可以通过单击按钮加载一些具有特殊功能的前台代码。

项目七 制作"用户注册" / 109

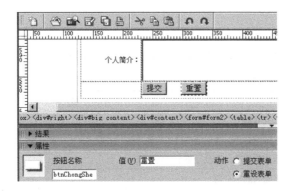

图 7.1.33 按钮属性

步骤 14：按"F12"键在浏览器内查看表单最后的设计按钮。填写数据，分别测试"重置"按钮与"提交"按钮的作用。最终浏览效果如图 7.1.1 所示。

知识拓展

表单的组成

1）表单标签

`<form></form>`

功能：用于声明表单，定义采集数据的范围，即 `<form>` 和 `</form>` 里面包含的数据将被提交到服务器或电子邮件里。

语法格式：

`<form ACTION="URL" METHOD="GET|POST" TARGET="...">...</form>`

属性解释如下所示。

属　性	解　释
ACTION=URL	指定处理提交表单的格式。它可以是一个 URL 地址，也可以是一个电子邮件地址
method="　"	指明提交表单的 HTTP 方法，可能的值如下。 POST：在表单元素中包含名称/值对，不需要包含在"动作"（ACTION）所指定的 URL 中。 GET：把名称/值对加在"动作"（ACTION）的 URL 后面，并且把新的 URL 送至服务器。这是兼容的默认值，这个值由于安全的原因不赞成使用
TARGET="..."	指定提交的结果文件显示的位置。 _blank：在一个新的、无名浏览器窗口调入指定的文件。 _self：在指向这个目标的元素的相同框架中调入文件。 _parent：把文件调入当前框架的直接父 FRAMESET 框架中，这个值在当前框架没有父框架时等价于_self。 _top：把文件调入原来顶部的浏览器窗口中（因此取消所有其他框架）。这个值等价于当前框架没有父框架时的_self

例如：

`<form ACTION="http://www.baidu.com" method="POST">...</form>`

表单将以 POST 的方式提交。

2）表单域

表单域包含了文本框、多行文本框、密码框、隐藏域、复选框、单选按钮和下拉选择框等，用于采集用户输入或选择的数据，下面分别讲述这些表单域的代码格式。

（1）文本框。文本框是一种让访问者自己输入内容的表单对象，通常被用来填写单个字或简短的回答，如姓名、地址等。

语法格式：
```
<input type="text" name="..." size="..." maxlength="..." value="...">
```
属性解释如下所示。

属　　性	解　　释
type="text"	定义单行文本框
name	定义文本框的名称，要保证数据的准确采集，必须定义一个独一无二的名称
size	定义文本框的宽度，单位是单个字符宽度
maxlength	定义最多输入的字符数
value	定义文本框的初始值

样例代码：
```
<input type="text" name="example1" size="20" maxlength="15" />
```

（2）多行文本框。也是一种让访问者自己输入内容的表单对象，只不过能让访问者填写较长的内容。

语法格式：
```
<TEXTAREA name="..." cols="..." rows="..." wrap="VIRTUAL"></TEXTAREA>
```
属性解释如下所示。

属　　性	解　　释
name	定义多行文本框的名称，要保证数据的准确采集，必须定义一个独一无二的名称
cols	定义多行文本框的宽度，单位是单个字符宽度
rows	定义多行文本框的高度，单位是单个字符宽度
wrap	定义输入内容大于文本域时显示的方式，可选值如下： 默认值是文本自动换行。当输入内容超过文本域的右边界时会自动转到下一行，而数据在被提交处理时自动换行的地方不会有换行符出现。 Off，用来避免文本换行。当输入的内容超过文本域右边界时，文本将向左滚动，必须用回车才能将插入点移到下一行。 Virtual，允许文本自动换行。当输入内容超过文本域的右边界时会自动转到下一行，而数据在被提交处理时自动换行的地方不会有换行符出现。 Physical，让文本换行，当数据被提交处理时换行符也将被一起提交处理

样例代码：
```
<TEXTAREA name="example2" cols="20" rows="2" wrap="PHYSICAL"></TEXTAREA>
```

（3）密码框。是一种特殊的文本域，用于输入密码。当访问者输入文字时，文字会被星号或其他符号代替，而输入的文字将被隐藏。

语法格式：
```
<input type="password" name="..." size="..." maxlength="...">
```
属性解释如下所示。

属　　性	解　　释
type="password"	定义密码框
name	定义密码框的名称，要保证数据的准确采集，必须定义一个独一无二的名称
size	定义密码框的宽度，单位是单个字符宽度
maxlength	定义最多输入的字符数

样例代码:
```
<input type="password" name="example3" size="20" maxlength="15">
```

(4) 隐藏域。隐藏域是用来收集或发送信息的不可见元素。对于网页的访问者来说,隐藏域是看不见的。当表单被提交时,隐藏域会将信息用设计者设置时定义的名称和值发送到服务器上。

语法格式:
```
<input type="hidden" name="..." value="...">
```
属性解释如下所示。

属 性	解 释
type="hidden"	定义隐藏域
name	定义隐藏域的名称,要保证数据的准确采集,必须定义一个独一无二的名称
value	定义隐藏域的值

样例代码:
```
<input type="hidden" name="ExPws" value="dd">
```

(5) 复选框。复选框允许在待选项中选中一项以上的选项。每个复选框都是一个独立的元素,必须有一个唯一的名称。

语法格式:
```
<INPUT type="checkbox" name="..." value="...">
```
属性解释如下所示。

属 性	解 释
type="checkbox"	定义复选框
Name	定义复选框的名称,要保证数据的准确采集,必须定义一个独一无二的名称
Value	定义复选框的值

样例代码:
```
<input type="checkbox" name="yesky" value="09">xxxcom
<input type="checkbox" name="Chinabyte" value="08">
```

(6) 单选按钮。当需要访问者在待选项中选择唯一的答案时,就要用到单选按钮了。

语法格式:
```
<input type="radio" name="..." value="...">
```
属性解释如下所示。

属 性	解 释
type="radio"	定义单选
name	定义单选的名称,要保证数据的准确采集。单选按钮都是以组为单位使用的,在同一组中的单选项都必须用同一个名称
value	定义单选框的值,在同一组中,它们的域值必须是不同的

样例代码:
```
<input type="radio" name="myFavor" value="1">
<input type="radio" name="myFavor" value="2">
```

(7) 文件上传框。有时需要用户上传自己的文件,文件上传框看上去和其他文本域差不多,但是它包含了一个"浏览"按钮。访问者可以输入需要上传文件的路径或者单击"浏览"按钮选择需要上传的文件。

⚠注意:

在文件上传以前,请先确定你的服务器是否允许匿名上传文件。表单标签中必须设置

ENCTYPE="multipart/form-data"，以此来确保文件被正确编码；另外，表单的传送方式必须设置成 POST。

语法格式：
```
<input type="file" name="..." size="15" maxlength="100">
```

属性解释如下所示。

属　　性	解　　释
type="file"	定义文件上传框
name	定义文件上传框的名称，要保证数据的准确采集，必须定义一个独一无二的名称
size	定义文件上传框的宽度，单位是单个字符宽度
maxlength	定义最多输入的字符数

样例代码：
```
<input type="file" name="myfile" size="15" maxlength="100">
```

（8）下拉选择框。下拉选择框允许用户在一个有限的空间设置多种选项。

语法格式：
```
<select name="..." size="..." multiple>
<option value="..." selected>...</option>
...
</select>
```

属性解释如下所示。

属　　性	解　　释
size	定义下拉选择框的行数
name	定义下拉选择框的名称
multiple	表示可以多选。如果不设置该属性，则只能单选
value	定义选择项的值
selected	表示默认已经选择该选项

样例代码：
```
<select name="mySel" size="1">
<option value="1" selected></option>
<option value="d2"></option>
</select>
```

按"Ctrl"键可以多选，样例代码：
```
<select name="mySelt" size="3" multiple>
<option value="1" selected></option>
<option value="d2"></option>
<option value="3"></option>
</select>
```

3）表单按钮

表单按钮控制表单的运作。

(1) 提交按钮。提交按钮用于将输入的信息提交到服务器。
语法格式:
`<input type="submit" name="..." value="...">`
属性解释如下所示。

属　　性	解　　释
type="submit"	定义提交按钮
name	定义提交按钮的名称
value	定义提交按钮的显示文字

样例代码:
`<input type="submit" name="mySent" value="发送">`

(2) 复位按钮。复位按钮用来重置表单。
语法格式:
`<input type="reset" name="..." value="...">`
属性解释如下所示。

属　　性	解　　释
type="reset"	定义复位按钮
name	定义复位按钮的名称
value	定义复位按钮的显示文字

样例代码:
`<input type="reset" name="myCancle" value="取消">`

(3) 一般按钮。一般按钮用来控制其他定义了脚本的处理工作。
语法格式:
`<input type="button" name="..." value="..." onClick="...">`
属性解释如下所示。

属　　性	解　　释
type="button"	定义一般按钮
name	定义一般按钮的名称
value	定义一般按钮的显示文字
onClick	也可以是其他事件，通过指定脚本函数来定义按钮的行为

样例代码:
`<input type="button" name="myB" value="保存" onClick="javascript:alert('it is a button')">`

> ■小贴士: 表单
> 　　表单只是用于提交数据的一个区域，一般情况下，一个页面只有一个表单；特殊情况下，一个页面可以有多个表单。
> 　　表单不支持嵌套使用。

 **任务总结**

通过本任务的实施掌握表单的使用方法,包括表单提交的方式和表单提交的对象。通过表单提交的数据会有多种不同的类型,因而会使用不同的控件或表单域。不同的表单域需要有不同的设置方法。有时一种数据可能会有多种表达方法,在熟练掌握表单之后,可以选择一种最佳的表达方式,不仅可以提供更友好的界面,也有利于提高网页的执行效率。

任务二 使用 Spry 验证注册表单

▌▌ 知识准备

在用户提交数据的时候,由于理解上的差异或习惯方面的差异,往往会导致提交一些无效的数据。如果不对数据加以验证,一方面会导致一些数据的错误,另一方面也会加重服务器的负担。在 Dreamweaver CS3 以后的版本中加入了 Spry 验证技术。通过 Spry 验证技术可以实现对数据在提交到服务器前的验证,从而在某种程度上保证了数据的有效性。

> ■小贴士:表单验证
>
> 对表单提交内容的验证有两种方式,一种是前台验证,一种是后台验证。相对前台验证,通过后台验证而言可以提供更详细的、更准确的验证,但由于占用服务器资源,反应速度相对较慢的原因,采用前台验证是一种更有效的方式。使用前台验证方式,在数据没有提交到服务器前就可以纠正一些格式错误或常识性的错误,不仅可以减轻服务器的负担,而且用户在使用中交互性更好,反应速度也更快。

▌▌ 项目实施

 **任务描述**

在学校网站的使用过程中,发现用户注册时会提供一些无效的数据,如手机号位数不足,用户信息描述不准确,电子邮件格式不正确等现象。需要网站管理员重新设计用户注册页面,保证数据在提交前能够进行验证,通过验证的信息才能提交到服务器。制作的最终效果如图 7.1.1 所示。

▌▌ 操作方法

步骤 1:在 Dreamweaver 中打开"项目 7\zhuce_blank.html"文件,另存为"zhuce_v.html",如图 7.2.1 所示。

图 7.2.1 网页顶部

步骤 2：把光标定位在"本站首页→在线注册"下面的一个单元格，选择表单工具栏上的"插入表单"按钮，如图 7.2.2 所示，设计视图如图 7.2.3 所示。

图 7.2.2 "插入表单"按钮

图 7.2.3 设计视图

设置表单的属性，动作为"zhuce_ht.html"，目标为"_self"，提交方法为"POST"，如图 7.2.4 所示。

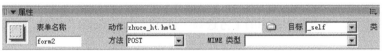

图 7.2.4 表单属性

步骤 3：在表单内插入一个表格。参数要求如图 7.2.5 所示。

图 7.2.5 表格参数

表格的 ID 设置为"tabMain"。

步骤 4：在表格"tabMain"的左侧分别输入提示性的文字，如姓名、年龄、性别、爱好、身份、地址、手机、邮箱、个人简介等，如图 7.2.6 所示。

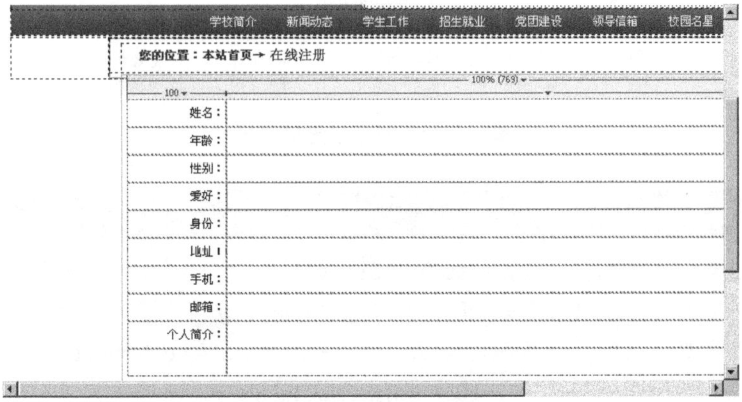

图 7.2.6 表格效果

步骤 5：选择"姓名"右侧的单元格，单击表单工具栏上的"Spry 验证文本域"按钮，如图 7.2.7 所示。

图 7.2.7 "Spry 验证文本域"按钮

设置文本框的属性，然后单击"确定"按钮，如图 7.2.8 所示。

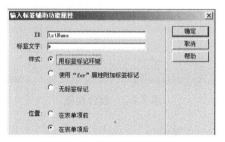

图 7.2.8 文本框标签属性

选择插入的文本框，并在设计视图的下方选择"span#sprytextfield1"标签，如图 7.2.9 所示。

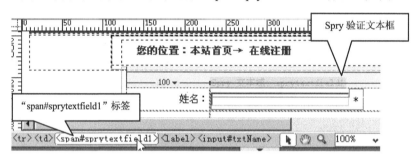

图 7.2.9 验证文本框标签

在"属性"面板中设置插入的"Spry 验证文本框"属性。设置提示信息为"请输入正确的信息"，最小字符数为 2，最大字符数为 10。验证方式为"onBlur"，如图 7.2.10 所示。

图 7.2.10 验证文本框属性

■小贴士：验证方式

文本框的 Spry 验证方式有三种，分别为 onBlur（失活）时，即光标从此元素移到下一个元素时触发验证代码。onChange（变化）时，即当文本框中的内容发生变化时触发验证代码。onSubmit（提交）时，即单击提交表单按钮时触发验证按钮。一般情况下，onSubmit 为默认状态，为获得更好的用户交互效果，一般也会选择 onBlur 状态或 onChange 状态。文本框多数选择 onBlur 状态。选项列表类一般更多选择 onChange 状态。

在浏览器内预览制作的效果，如图 7.2.11 所示。当鼠标单击姓名右侧的文本框时，提示信息消失，如果输入的字符小于规定或大于规定，则会显示错误信息，并阻止向服务器发送信息，如图 7.2.12 所示，信息正确时如图 7.2.13 所示。

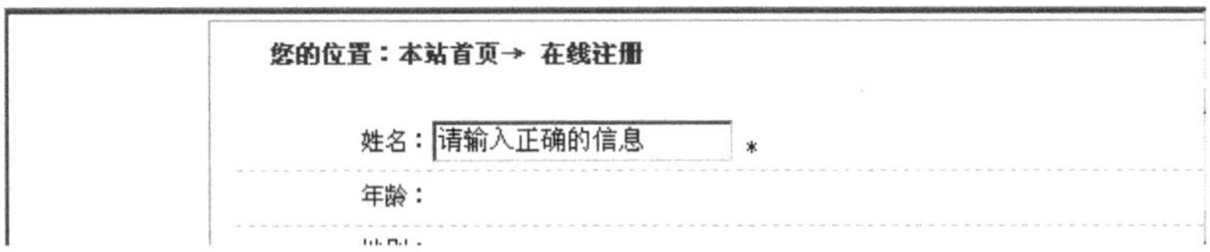

图 7.2.11　运行提示效果

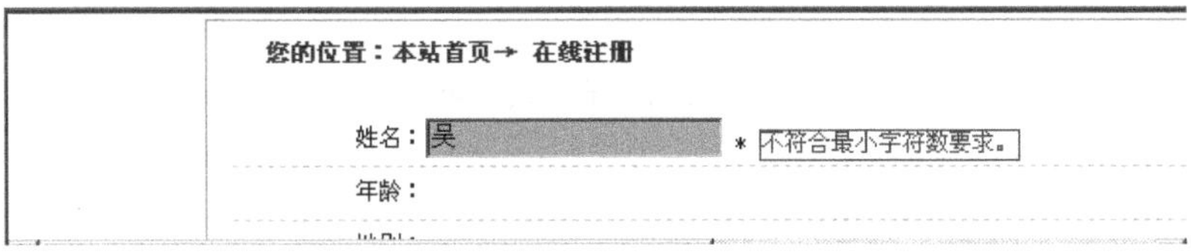

图 7.2.12　信息错误

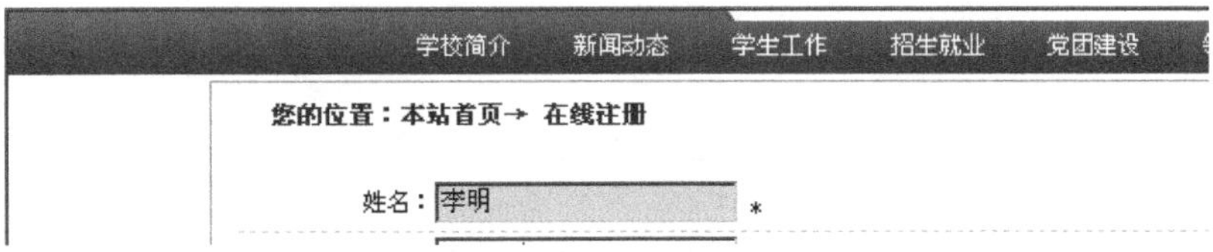

图 7.2.13　信息正确

步骤 6：同样，依次插入年龄、地址、手机、邮箱右侧的文本框。分别命名为 txtAge、txtAddress、txtPhone、txtEmail，参数可以根据实际需要来设置，如图 7.2.14～图 7.2.17 所示。

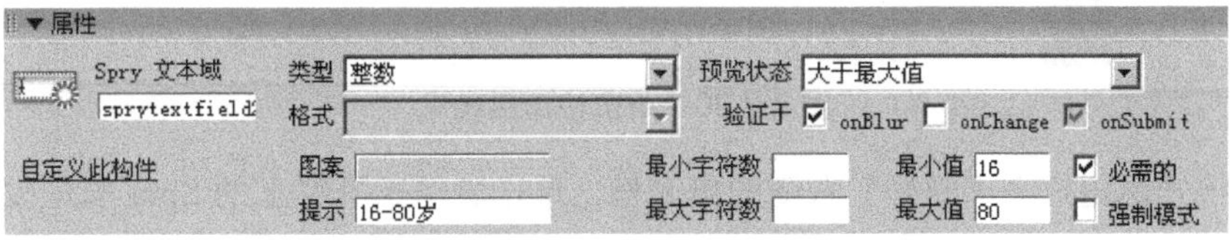

图 7.2.14　年龄的 Spry 参数

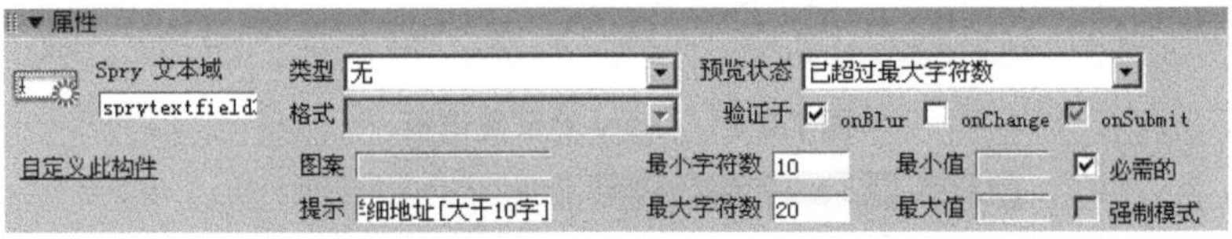

图 7.2.15　地址的 Spry 参数

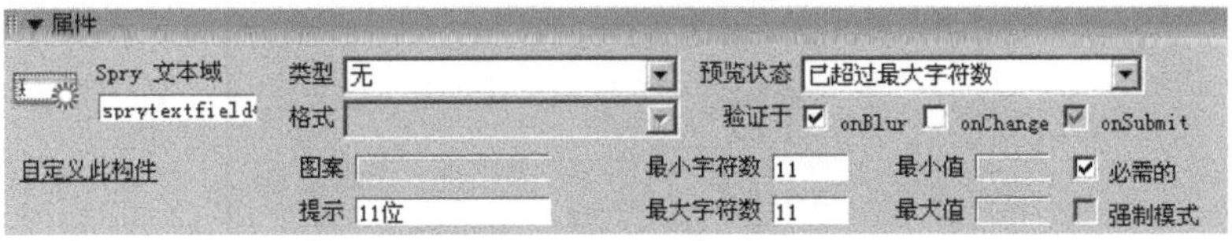

图 7.2.16　手机的 Spry 参数

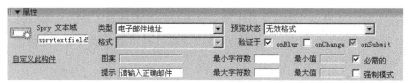

图 7.2.17　邮箱的 Spry 参数

步骤 7：将光标定位在"性别"右侧的单元格，单击表单工具栏上的单选按钮组 ⊙ ，如图 7.2.18 所示。

图 7.2.18　单选按钮组

设置单选按钮组的参数，如图 7.2.19 所示。

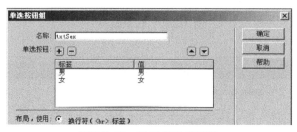

图 7.2.19　设置单选按钮组

需要转到代码窗口，删除多余的
标签，如图 7.2.20 所示。

图 7.2.20　单选按钮组代码

步骤 8：将光标定位在"爱好"右侧的单元格，单击表单工具栏上的 Spry 验证复选框 ☑ ，如图 7.2.21 所示。设置复选框的标签属性，如图 7.2.22 所示。

图 7.2.21　Spry 验证复选框

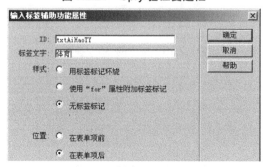

图 7.2.22　复选框的标签属性

设置好的复选框如图 7.2.23 和图 7.2.24 所示。

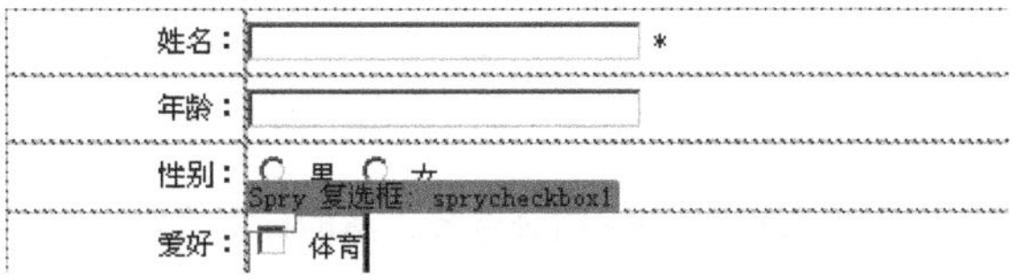

图 7.2.23　验证复选框 1

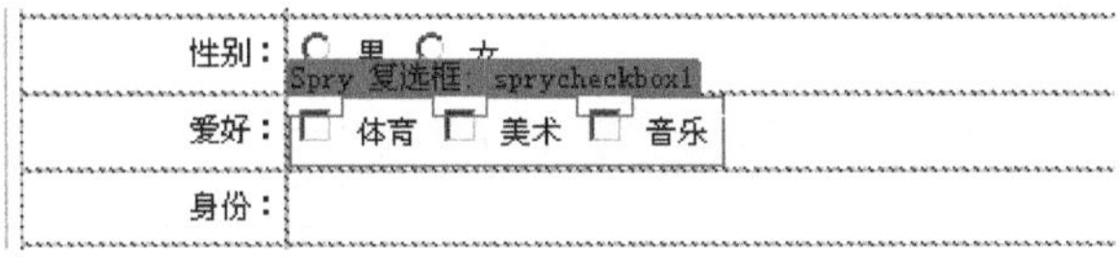

图 7.2.24　验证复选框 2

将光标定位在“体育”的右侧，单击表单上的复选框按钮，为表单添加另外两个复选框。查看代码，保证“美术”、“音乐”这两个复选框在 Spry 的验证范围之内，代码如图 7.2.25 所示。

```
<tr>
  <td align="right">爱好：</td>
  <td>
  <span id="sprycheckbox1">
    <input type="checkbox" name="txtAiHaoTY" id="txtAiHaoTY" />  体育
    <input type="checkbox" name="txtAiHaoMS" id="txtAiHaoMS" />  美术
    <input type="checkbox" name="txtAiHaoYY" id="txtAiHaoYY" />  音乐
  <span class="checkboxRequiredMsg">请进行选择。</span></span>        </td>
</tr>
```

图 7.2.25　验证复选框代码

切换到设计视图窗口，在设计视图下部选择“<span#sprycheckbox1>”标签，在“属性”面板中设置验证属性，如图 7.2.26 所示。

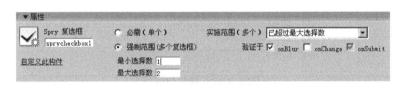

图 7.2.26　验证复选框属性

在浏览器内验证网页的执行效果，如图 7.2.27 所示。

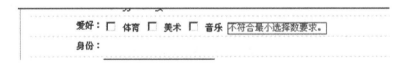

图 7.2.27　设计视图

步骤 9：将光标定位在“身份”右侧的单元格，单击表单工具栏上的 Spry 验证选择工具，如图 7.2.28 所示。设置其标签属性，如图 7.2.29 所示。

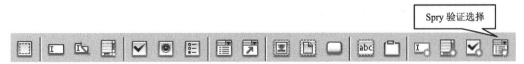

图 7.2.28　Spry 验证选择工具

图 7.2.29　Spry 验证选择工具的标签属性

设置 ID 为 txtShenFen，标签文字为无。选择设计视图的列表，单击"属性"面板上的列表值，在弹出的对话框中设置列表值，如图 7.2.30 所示。

图 7.2.30　设置列表值

在设计视图，选择视图下方的"<span#spryselect1>"标签，在"属性"面板设置列表的验证属性，如图 7.2.31 所示。

图 7.2.31　验证属性

在浏览器中浏览网页，验证列表的正确性，效果如图 7.2.32 所示。

图 7.2.32　预览效果

步骤 10：将光标定位在"个人简介"右侧的单元格，单击表单工具栏上的"验证文本区域"按钮，如图 7.2.33 所示。

图 7.2.33　"验证文本区域"按钮

设置文本区域的 ID 如图 7.2.34 所示。

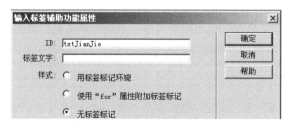

图 7.2.34　文本区域标签属性

在设计视图选择标签"<span#sprytextarea1>",在"属性"面板中设置验证属性,如图 7.2.35 所示。

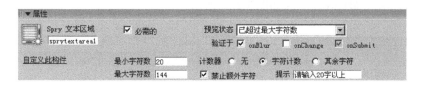

图 7.2.35 验证文本区域属性

在浏览器中预览并测试执行的效果,如图 7.2.36 所示。

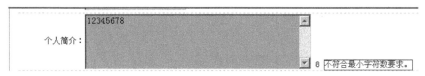

图 7.2.36 验证文本域效果

步骤 11:将光标定位在"个人简介"右下方的单元格,选择表单工具栏上的按钮工具，如图 7.2.37 所示。

图 7.2.37 按钮工具

设置其标签属性,如图 7.2.38 所示。

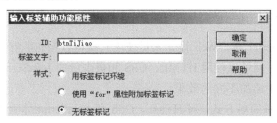

图 7.2.38 按钮工具的标签属性

步骤 12:将光标定位在"提交"按钮的右侧,插入两个不换行空格"Ctrl"+"Shift"+"Space",再插入一个"重设"按钮,ID 为"btnChongShe"。在设计视图中选择"重设"按钮,在"属性面板"中设置第二个按钮的属性。动作设为"重设表单",如图 7.2.39 所示。

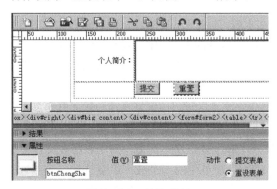

图 7.2.39 按钮属性

步骤 13：按 "F12" 键在浏览器内查看表单最后的设计按钮。填写数据，分别测试 "重置" 按钮与 "提交" 按钮的作用。最终浏览效果如图 7.2.40 所示。

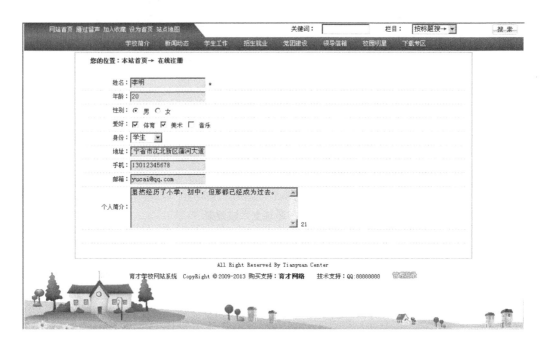

图 7.2.40　网页浏览效果图

知识拓展

Spry 框架是一个 JavaScript 库，Web 设计人员使用它就可以构建能够向网站访问者提供更丰富体验的 Web 页面。有了 Spry，就可以使用 HTML、CSS 和极少量的 JavaScript 创建构件（如折叠构件和菜单栏），向各种页面元素中添加不同的效果。

Spry 是实现 Ajax 的一种简单方式。对 HTML、CSS 和 JavaScript 体验具有入门级水平的设计人员来说，Spry 是一种可以整合内容的简单方法。使用适合 Ajax 的 Spry 框架，以可视方式设计、开发和部署动态用户界面，可以在 HTML 网页中展现 XML 数据、建立诸如炫酷菜单的一些界面，还可实现其他的一些页面特效。在减少页面刷新的同时，增加交互性、网页反应速度和可用性。

Spry 框架共提供了 4 个表单验证控件：Spry 验证文本框、Spry 验证文本区域、Spry 验证复选框、Spry 验证选择列表。

Spry 验证文本框是一个文本域,该域用于在站点访问者输入文本时显示文本的状态(有效或无效)。例如，可以向访问者输入电子邮件地址的表单中添加验证文本域构件。如果访问者没有在电子邮件地址中输入 "@" 符号和句点，则验证文本域构件会返回一条消息，声明用户输入的信息无效。选择 "插入记录" → "Spry" → "Spry 验证文本域" 命令，将在文件中插入 Spry 验证文本框。

Spry 验证文本区域构件是一个文本区域，该区域在用户输入几个文本句子时显示文本的状态（有效或无效）。如果文本区域是必填域，而用户没有输入任何文本，该构件将返回一条消息，声明必须输入值。选择 "插入记录" → "Spry" → "Spry 验证文本区域" 命令，将在文件中插入 Spry 验证文本区域。

Spry 验证复选框构件是 HTML 表单中的一个或一组复选框，该复选框在用户选择（或没有选择）时会显示构件的状态（有效或无效）。例如，可以向表单中添加验证复选框构件，该表单可能会要求用户进行 3 项选择。如果用户没有进行所有这 3 项选择，那么该构件会返回一条消息，声明不符合最小选择数要求。

选择"插入记录"→"Spry"→"Spry 验证复选框"命令，将在文件中插入 Spry 验证复选框。

Spry 验证选择列表构件是一个下拉菜单，该菜单在用户进行选择时会显示构件的状态（有效或无效）。例如，可以插入一个包含状态列表的验证选择构件，这些状态按不同的部分组合并用水平线分隔。如果用户意外选择了某条分界线（而不是某个状态），则验证选择构件会向用户返回一条消息，声明他们的选择无效。选择"插入记录"→"Spry"→"Spry 验证选择"命令，将在文件中插入 Spry 验证选择列表。

 任务总结

通过本任务的完成掌握 Spry 验证的使用方法。在 Spry 中常用的验证方式有四种，分别是 Spry 验证文本框、Spry 验证文本区域、Spry 验证复选框、Spry 验证选择列表。其中，验证文本框的表现形式有很多种，如文本的验证、数据的验证、网址的验证、电子邮件的验证等。熟练掌握这些验证方式不仅有利于为用户提供更友好的界面，提高网页的使用效率，还可以获得有效的数据，并减轻服务器的负担。

课外习题

选择题

1. 下面关于添加表单的说法，正确的是（   ）。
   A．使用 POST 方式一般比 GET 方式更安全
   B．POST 方式是未经加密的
   C．POST 方式易被黑客获取
   D．使用 GET 方式时，设置的 URL 可以使用长文件名

2. 下列选项中正确的是（   ）。
   A．表格内部可以嵌套表格   B．表单内部可以嵌套表单
   C．层内部可以嵌套层   D．表单部可以嵌套表格

3. 在 Dreamweaver MX 中，下面（   ）是使用表单的作用。
   A．收集访问者的浏览印象
   B．访问者登记注册免费邮件时，可以用表单收集一些必需的个人资料
   C．在电子商场购物时，收集每个网上顾客具体购买的商品信息
   D．使用搜索引擎查找信息时，查询的关键词都是通过表单递交到服务器上的

4. 以下应用属于利用表单功能设计的有（   ）。
   A．用户注册   B．浏览数据库记录
   C．网上订购   D．用户登录

5. 要在表单中创建一个多行文本输入框，初始值为：这是一个多行文本框。下面语句正确的是（   ）。
   A．<textarea name="text1" value="这是一个多行文本框"> </ textarea >
   B．<input type= "text" value="这是一个多行文本框"   name="text1">
   C．<input type= "textarea"   name="text1" value="这是一个多行文本">
   D．< textarea name="text1" cols=20 rows=5>这是一个多行文本框</ textarea >

项目八　网页中的多媒体元素

核心技术

- 网页中 Flash 元素的应用
- 网页中视频的引用
- 网页中声音的引用

任务目标

- 任务一：为网页添加 Flash 动画
- 任务二：为网页添加背景音乐和视频

知识摘要

- 动画的使用
- 视频的使用
- 声音的使用

项目背景

出于对学校的宣传，需要为学校网站的网页添加一些视频信息、动画元素和音频信息。要求学校网站管理员根据实际需要，在网站中的一些网页中引入相关的多媒体信息。

项目分析

网页中涉及的多媒体元素一般包括图片、声音、视频、动画几类。由于不同的媒体类型，格式都不相同，因而添加到网页中的方式也各不相同。使用不同的媒体可以增加网页的表现力，给访问者留下深刻的印象。

项目目标

通过项目的展开，掌握在网页中加入多媒体的方法，通过使用动画、声音、视频等多媒体形式让网页的内容更丰富，用更恰当的方式展示信息。

任务一　为网页添加 Flash 动画

知识准备

由于 HTML 语言的功能十分有限，无法达到人们的预期设计，以实现令人耳目一新的动态效果，所以在这种情况下，各种脚本语言应运而生，使网页设计更加多样化。然而，程序设计要求一定的编程能力，而人们更需要一种既简单直观又功能强大的动画设计工具，Flash 的出现正好满足了这种需求。

Flash 是美国的 MacroMedia 公司于 1999 年 6 月推出的网页动画设计软件。它是一种交互式动画设计工具，用它可以将音乐、声效、动画及富有新意的界面融合在一起，制作出高品质的网页动态效果。

Flash 动画是一种矢量动画格式，它是用 MacroMedia 公司的 Flash 软件编辑而成的，具有体积小、兼容性好、直观动感、互动性强、支持 MP3 音乐等诸多优点，是当今最流行的 Web 页面动画格式。

项目实施

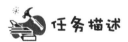

为学校网站注册页面添加制作好的 Flash 动画，最终效果如图 8.1.1 所示。

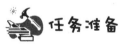

如果 Dreamweaver 中没有站点，则利用 Dreamweaver 创建一个站点。将需要的素材"项目 8"放入站点中。需要用到的图片在"项目 8\images"文件夹下。保存的文件名为"zhuce.html"。文件格式要求是 HTML 静态页面。

操作方法

步骤 1：新建一个 HTML 网页文件，保存为"zhuce.html"，或者打开素材库中的 zhuce.html。

文件位置"项目 8\zhuce.html"文件夹。

将光标定位在网页最上面的单元格，如图 8.1.2 所示。

图 8.1.1 制作完成后的页面

图 8.1.2 网页顶部

步骤 2：选择菜单"插入记录"→"媒体"→"Flash"选项，如图 8.1.3 所示。

在"选择文件"对话框内选择"项目 8\media\banner.swf"文件，如图 8.1.4 所示，然后单击"确定"按钮。

图 8.1.3 "Flash"选项　　　　　　　图 8.1.4 "选择文件"对话框

设置标题为 banner，如图 8.1.5 所示。

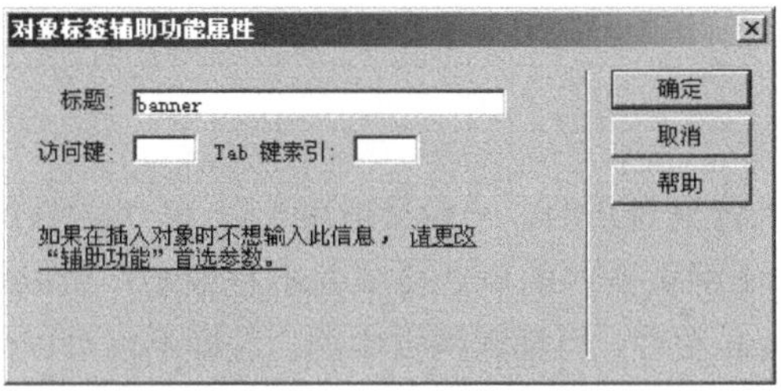

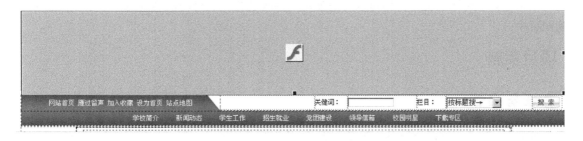

图 8.1.5　设置标题

插入后的设计视图如图 8.1.6 所示。

图 8.1.6　设计视图

在浏览器中查看插入后的效果，原来静态的图片显示为动态。插入的.swf 文件可以在代码窗口中修改宽度和高度属性，如图 8.1.7 所示。

图 8.1.7　设置 Flash 文件属性

知识拓展

Flash 的格式

.fla 文件通常被称为源文件，可以在 Flash 中打开、编辑和保存，它在 Flash 中的地位就像.PSD 文件在 Photoshop 中的地位一样。所有的原始素材都保存在.fla 文件中，由于它包含所需要的全部原始信息，所以体积较大。一般来说，.fla 源文件不能直接用在网页中，必须通过在 Flash 中生成可以执行的.swf 文件才能最终应用在网页中，但由于.swf 文件的不可编辑性，因而需要保存好 Flash 源文件，以便动画效果的下次修改。

.swf 文件全称 shackwave file，是由.fla 文件在 Flash 中编辑完成后输出的成品文件，也就是人们通常在网络上看见的 Flash 动画。.swf 文件可以由 Flash 插件来播放，也可以制成单独的可执行文件，这时无须插件即可播放。.swf 文件只包含必需的最少信息，经过最大幅度的压缩，所以体积大大缩小，便于放在网页上供人浏览。

任务总结

通过本任务的完成，掌握在网页中使用 Flash 的方法，了解调整相关参数的方法。

任务二　为网页添加背景音乐和视频

 知识准备

　　<bgsound>标签是用来插入背景音乐的,一般只适用于以 IE 为内核的浏览器,其他浏览器一般不支持。在实际使用过程中,由于网页兼容的声音格式并不是很多,所以很多时候是把声音利用 Flash 软件,制作成以.swf 结尾的 Flash 文件,再插入网页中的。这样不仅可以保证声音能够顺利播放,同时也可以进行简单的声音效果的处理。

　　可以在网页中使用的视频文件较多,如.mpg、.avi、.flv、.rmvb、.wmv、.mp4 等格式。但从文件的压缩率、插入的流畅程度、播放时对系统的要求等方面来说,.flv 格式是应用的最广泛的一种格式。如果是其他格式的文件,则可以考虑使用一些视频格式软件将其转换为.flv 格式,然后再应用到网页中。

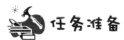 项目实施

任务描述

　　校外的一些用户需要了解学校的课程情况,请为课程介绍添加视频及背景音乐。

任务准备

　　如果 Dreamweaver 中没有站点,则利用 Dreamweaver 创建一个站点。需要的素材"项目 8"放入站点中。需要用到的图片在"项目 8\images"文件夹下。保存的文件名为"kecheng.html"。文件格式要求为 HTML 静态页面。

操作方法

　　步骤 1:在 Dreamweaver 中打开"项目 8\kecheng.html"文件。切换到代码视图,将光标定位在文件尾部</body>标签的上一行,如图 8.2.1 所示。

图 8.2.1　代码视图

　　步骤 2:输入"<bgsound src="""",单击"浏览"临时标签,如图 8.2.2 所示。选择"项目 8\media\梦里水乡.mp3"作为网页的背景音乐,如图 8.2.3 所示。

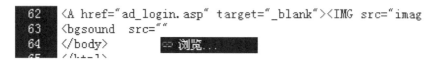

图 8.2.2　设置背景音乐

项目八 网页中的多媒体元素 / 129

图 8.2.3 选择背景音乐文件

在代码视图中补全标签代码，完整的代码如图 8.2.4 所示。

图 8.2.4 设置背景音乐的代码

步骤 3：loop="–1"表示音乐无限循环播放，如果需要设置播放次数，则改为相应的数字即可。

在浏览器内预览这个网页的效果。当网页打开时，开始播放背景音乐，当窗口最小化时会停止背景音乐的播放。

步骤 4：将光标定位在网页"项目 8\kecheng.html"中图片的右侧，如图 8.2.5 所示。

图 8.2.5 设计视图

步骤 5：选择"插入记录"→"媒体"→"Flash 视频"选项，如图 8.2.6 所示。

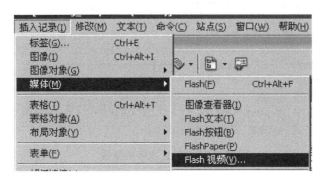

图 8.2.6 "Flash 视频"选项

为视频选择下载的类型，如图 8.2.7 所示。

图 8.2.7　设置视频类型

步骤 6：单击"浏览"按钮，选择"项目 8\media\Inventor.flv"文件，如图 8.2.8 所示。

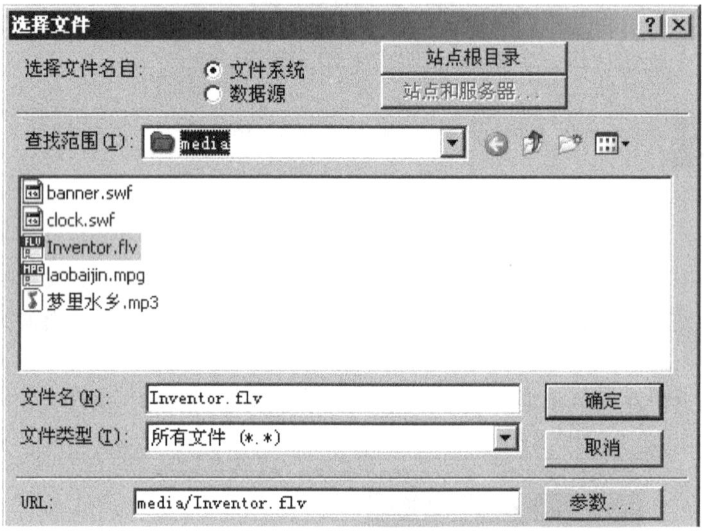

图 8.2.8　选择视频文件

步骤 7：设置视频的参数，如图 8.2.9 所示。

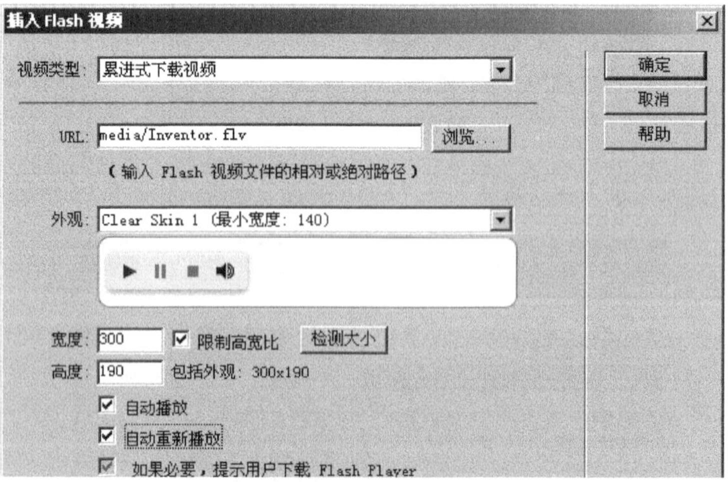

图 8.2.9　设置视频的参数

步骤 8：在浏览器中查看最终的效果，如图 8.2.10 所示。

项目八 网页中的多媒体元素 / 131

图 8.2.10 网页的最终效果

知识拓展

1. 音频文件的使用

音乐的插入一般分为两种方式，一种是通过使用<bgsound>标签来设置网页的背景音乐，另一种是使用<embed>标签。

代码如下：

`<embed src="music.mp3" autostart="true" loop="true" hidden="true"></embed>`

属性说明如下所示。

属　　性	说　　明
autostart	用来设置打开页面时音乐是否自动播放
hidden	设置是否隐藏媒体播放器
loop	设置是否循环及循环次数

<embed>实际上类似一个 Web 页面的音乐播放器，所以如果没有隐藏，则会显示出系统默认的媒体插件。这种插入音乐的方式不是很常见，但是功能非常强大，如果结合一些播放控件就可以打造出一个 Web 播放器。

使用<bgsound>标签时，在页面打开时会播放音乐，如果将页面最小化以后播放的音乐会自动暂停。使用<embed>标签时不会出现这种情况，只要不将窗口关闭，它会一直播放。

一般来说，使用<bgsound>标签的时候比较多。

■小贴士：音频文件

由于声音文件一般都比较大，因而在对网页执行的速度要求比较高的情况，建议不使用背景音乐。只有网络线路比较好的时候才使用背景音乐。另外，对于背景音乐的使用也会加大服务器的网络流量，因此，除非必要的时候才使用背景音乐。

2. <embed>标签的使用

<embed>标签是一个比较特殊的标签，可兼容多种媒体，其参数如下。

`<embed src="xxx" autostart="true" loop="true" width="80" height="20">`

autostart 表示是否自动播放。"false"为不立即播放，默认值为"false"。

loop 设置为"true"时为永远循环，为"false"时仅播放一次。若设为任意一个正整数，则循环所输入的次数。

Volume 用于设置音量，取值范围是"0～100"，默认值为系统当前音量。

starttime 用于设置音乐开始播放的时间，格式是"分：秒"，如 starttime="00:10"，表示从第 10 秒开始播放。

endtime 用于设置音乐结束播放的时间，具体格式同上。

width 用于设置音乐播放控制面板的宽度。

height 用于设置音乐播放控制面板的高度。

controls 用于设置音乐播放控制面板的外观。"console"为通常面板；"smallconsole"为小型面板。"playbutton"为是否显示播放按钮；"pausebutton"为是否显示暂停按钮；"stopbutton"为是否显示停止按钮；"volumelever"为是否显示音量调节按钮。例如：

`controls="console/smallconsole/playbutton/pausebutton/stopbutton/volumelever"`。

Hidden 用于设置是否显示音乐播放控制面板。"false"为显示，"true"为隐藏。

 任务总结

本任务通过对一个网页的修改，综合应用了动画元素、声音元素和视频元素。对于动画元素，如果在动画中没有引用太多的位图和声音，一般来说动画所占的空间会很小，而且如果是矢量图，那么，即使画面放到很大也不会失真。由于所占的存储空间比较小，播放时的流畅程度也会很好。相对于动画元素来说，声音元素和视频元素所占用的存储空间比较大，播放时会占用大量的网络带宽，一方面会增加服务器的负担，另一方面也会影响用户播放的进度。

课外习题

选择题

1. 下面的文件可以在网络上播放的视频文件为：（　　）。
   A．以.mov 为扩展名的文件　　　　　　B．以.asp 为扩展名的文件
   C．以.ra 为扩展名的文件　　　　　　　D．以.rm 为扩展名的文件
2. .swf 格式的动画可以插入到（　　）里。
   A．.txt 文件　　　　　　　　　　　　　B．.phg 文件
   C．.html 文件　　　　　　　　　　　　D．.moc 文件

3. Flash 影片文件的格式为（　　）。
   A．.jpg   B．.wmv   C．.asf   D．.swf
4. Dreamweaver 支持的音频文件类型有（　　）。
   A．.wav   B．.mid   C．.au   D．.html
5. Dreamweaver 提供了丰富的嵌入多媒体类型，其中包含（　　）。
   A．声音对象   B．OCT 对象   C．Flash 动画对象   D．视频对象

项目九　CSS +Div 美化网页

核心技术

- 了解 CSS 样式的概念及作用
- 掌握 CSS 样式在网页中的应用
- 使用 CSS 和 Div 标签来美化网页

任务目标

- 任务一：CSS 样式表的创建及应用
- 任务二：CSS+Div 布局网页

知识摘要

- CSS 概述
- 创建 CSS 样式表
- CSS 样式表的属性设置
- 链接外部样式表
- CSS+Div 布局网页

项目背景

基本网页构建完毕后,需要统一网站中所有网页的风格。一般来说,在同一个网站的所有页面中,相同类型的网页元素具有相同的属性,如正文的字体、字号、颜色及边框设置等。如何使网页变得更加绚丽多彩,如何更精确地对网页中的内容进行格式化控制,以达到整个网站的风格和谐统一,这就需要利用 CSS 样式了。

项目分析

CSS 是一种制作网页的技术,已成为网页设计必不可少的工具之一。它可以更加灵活地控制网页中的文字字体、颜色、大小、间距等属性;可以灵活地控制网页中各个元素的位置;并能方便地为网页中的元素通过过滤器设置特效;可以与脚本语言结合,从而使网页中的元素产生各种动态效果;简化了代码,提高下载速度。本项目包含:

(1)CSS 样式的概述。
(2)创建新的 CSS 样式。
(3)设置 CSS 样式。
(4)运用 CSS 样式。
(5)利用 CSS+Div 布局美化网页。

项目目标

通过任务的展开,分别介绍 CSS 样式的概念及作用;在网页中添加样式的各种方法;CSS 样式定义的各选项的含义及其使用;掌握外部链接样式表的方法;能利用 CSS 及 Div 美化网页。

任务一 CSS 样式表的创建及应用

知识准备

了解 CSS 样式的定义

CSS 是英语 Cascading Style Sheets(层叠样式表单)的缩写,它是一种用来表现 HTML 或 XML 等文件样式的计算机语言。

在设计网页时,常常需要对网页中各种元素的属性进行设置。一般来说,在同一个网站的所有页面中,相同类型的网页元素都具有相同的属性,如网页中正文的字体、字号和颜色,以及图片的边框及颜色等都是一样的。但在制作过程中若对各个网页进行格式设置会做许多重复工作,而且容易出错,当需要对属性进行修改时,也要逐一进行修改。

Dreamweaver 中的样式表为人们解决了这个问题,定义了一个 CSS 样式后,可以将它应用到不同的网页元素中,所有应用了 CSS 样式的网页元素都具有相同属性。网站中的网页使用相同的格式,既保证了站点风格的一致性,又提高了工作效率。

(1)"选择器类型"选项用于设置 CSS 样式类型,包括以下三种。
① 类(可应用于任何标签)。
② 标签(重新定义 HTML 元素)。
③ 高级(ID、伪类选择器等)。
(2)"选择器名称"选项用于设置新样式表名称。

(3)"定义在"选项用于选择定义一个外部链接的 CSS，还是定义一个仅应用当前文件的 CSS。
① "新建样式表文件"：定义一个外部链接的 CSS。
② "仅限该文件"：仅在该文件中应用 CSS。

项目实施

在网站的设计中，为使网站中页面风格统一，也便于后期对网页的风格进行更改，经常会用到 CSS 技术，要求网站管理员对学校网站中的一部分网页使用 CSS 技术进行修改。为构建好的"育才学校网站"中的"学校简介"网页设置统一样式，效果如图 9.1.1 所示。

图 9.1.1　网页的浏览效果

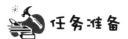

（1）建立站点。
（2）将 xxjj.htm 及素材导入站点。位于"项目 9\任务一\xxjj"文件夹中的原始 xxjj.htm 网页如图 9.1.2 所示。

图 9.1.2　网页素材文件

操作方法

1. CSS 样式表的创建及应用

1）利用选择器样式设置导航栏

步骤1：单击"CSS样式"面板底部的"新建 CSS规则"按钮，在弹出的对话框中选择"高级（ID、伪类选择器等）"单选按钮，从"选择器"下拉列表中选择"a：link"，并将"a：link"改为"a"，"定义在"选择"新建样式表文件"，然后单击"确定"按钮，如图9.1.3～图9.1.5 所示。

图 9.1.3　新建 CSS 规则

图 9.1.4　设置 CSS 规则类型　　　　图 9.1.5　设置选择器及保存位置

> **小贴士**
>
> 　　如果在选择器中不更改名字，则该效果只能保持一次，当浏览过该链接页后，该效果就始终保持为已访问的超级链接效果了。
> 　　为了保证网站中网页风格一致，首页和分页往往采用相同的样式，所以这里将样式保存为样式表文件，便于以后分页的制作。
> 　　如果选择"仅对该文件"，则该样式只对当前页有效。

步骤 2：在弹出的"保存样式表文件为"对话框中，将样式表文件以"ys"为文件名保存在站点文件夹中，如图 9.1.6 所示。

步骤 3：在弹出的"a 的 CSS 规则定义"对话框中，选择左侧的"类型"分类，在右侧的选项中设置相关属性，其中设置字体为"黑体"，大小为"10"点数（pt），颜色为"#FFFFFF"（白色），修饰为"无"，然后单击"确定"按钮，如图 9.1.7 所示。

步骤 4：单击"CSS 样式"面板底部的"新建 CSS 规则"按钮，在弹出的对话框中选择"高级（ID、伪类选择器等）"单选按钮，从"选择器"下拉列表中选择"a：hover"，"定义在"选择"ys.css"，然后单击"确定"按钮，如图 9.1.8 所示。

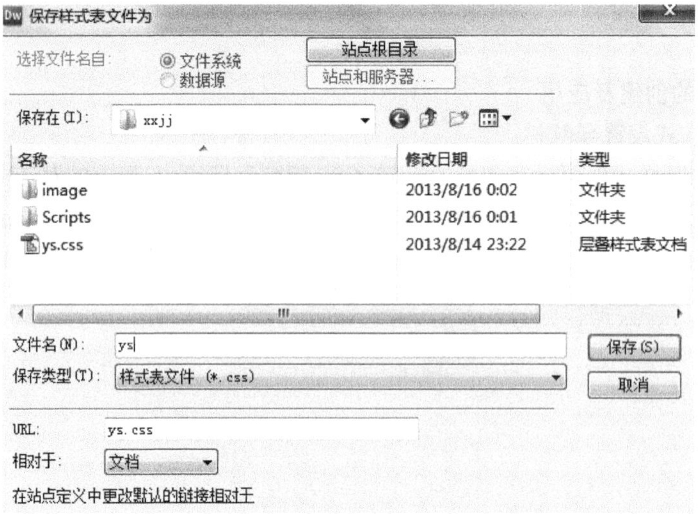

图 9.1.6 "保存样式表文件为"对话框

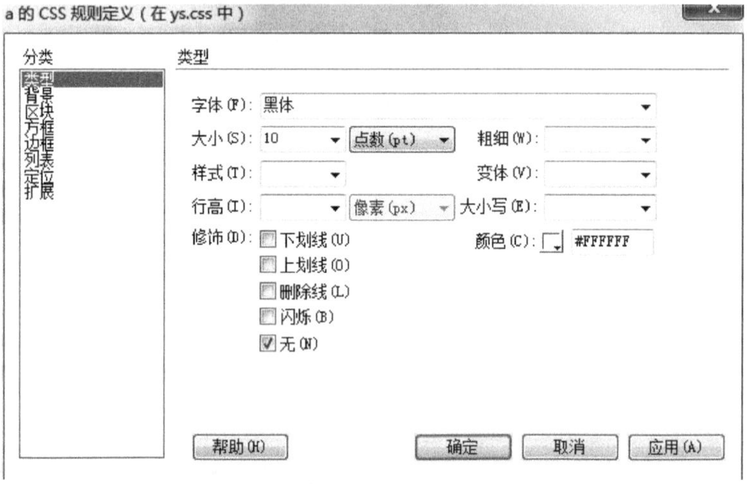

图 9.1.7 设置样式属性

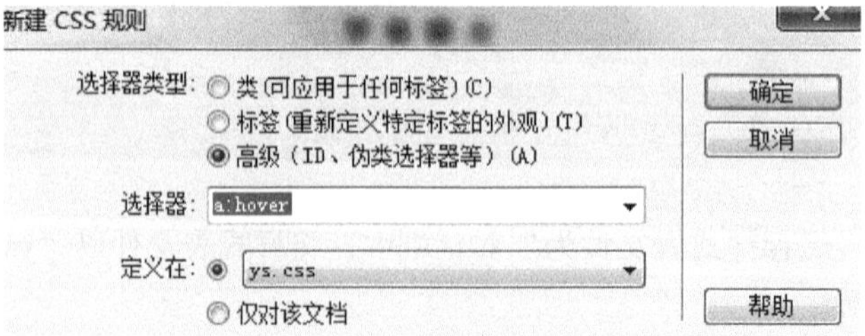

图 9.1.8 新建 CSS 规则

步骤 5：在弹出的"a：hover 的 CSS 规则定义"对话框中，选择左侧的"类型"分类，在右侧的选项中设置相关属性，其中设置字体为"黑体"，大小为"10"点数（pt），颜色为"#FFFFFF"（白色），修饰为"无"，然后单击"确定"按钮，如图 9.1.9 所示。

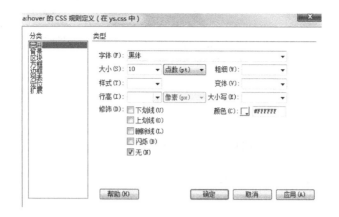

图 9.1.9 设置 CSS 属性

步骤 6：在"a: hover 的 CSS 规则定义"对话框中，选择左侧的"扩展"分类，在右侧的"光标"下拉列表内选择"hand"，单击"确定"按钮，如图 9.1.10 所示。该选项将使鼠标悬停在超级链接文本上时，显示为手形。

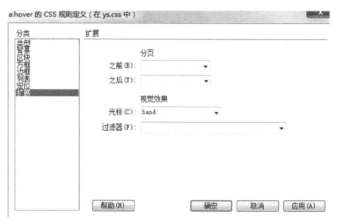

图 9.1.10 设置扩展属性

步骤 7：选中导航栏的文字，在"属性"面板中设置超级链接，设置后的导航效果如图 9.1.11 所示。

图 9.1.11 设置后的导航效果

> **小贴士**
>
> 导航栏中的文字将在以后的项目中链接至分页，这里先设置为空链接，以便观看链接的文字效果。

2) 利用"标签（重新定义特定标签的外观）"，设置网页文字格式

步骤 1：单击"CSS 样式"面板底部的"新建 CSS 规则"按钮，在弹出的对话框中选择"标签（重新定义特定标签的外观）"单选按钮，从"标签"下拉列表中选择"body"，"定义在"选择"ys.css"，然后单击"确定"按钮，如图 9.1.12 所示。

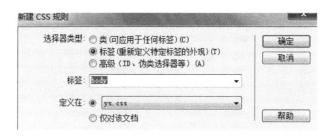

图 9.1.12 重新定义标签外观

步骤 2：在弹出的"body 的 CSS 规则定义"对话框中，选择左侧的"类型"分类，在右侧的选项中设置字体为"宋体"，大小为"10"点数（pt），颜色为"#000000"（黑色），行高为"1.5"倍，然后单击"确定"按钮，如图 9.1.13 所示。

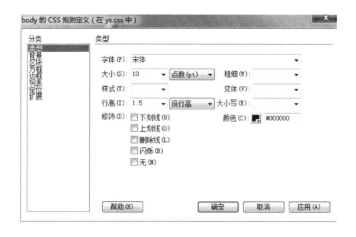

图 9.1.13 设置标签属性

注意：
body 样式设置完以后，网页中正文内容将自动修改字体格式。

3）建立可应用于任何标签的样式，设置"栏目导航"边框

步骤 1：单击"CSS 样式"面板底部的"新建 CSS 规则"按钮，在弹出的对话框中选择"类（可应用于任何标签）"，在"名称"下拉列表中输入新样式的名称"bk"，"定义在"选择"ys.css"，然后单击"确定"按钮，如图 9.1.14 所示。

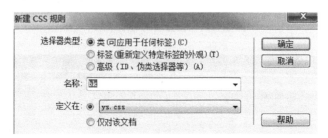

图 9.1.14 新建 CSS 规则

步骤 2：在弹出的"bk 的 CSS 规则定义"对话框中，选择左侧的"边框"分类，在右侧的选项中设置相关属性：在"样式"项勾选"全部相同"复选框，设置"上、右、下、左"为"实线"；在"宽度"项勾选"全部相同"复选框，设置"上、右、下、左"宽度为"1"像素（px）；在"颜色"项勾

选"全部相同"复选框，设置"上、右、下、左"为"#75BAE3"（浅蓝色），如图9.1.15所示。
选择左侧的"背景"分类，在右侧的选项中设置相关属性：设置"背景颜色"为"#D8EEF9"，如图9.1.16所示。

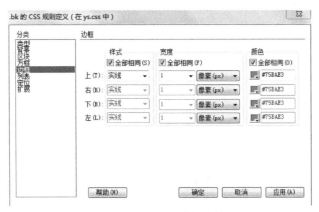

图 9.1.15　设置边框属性

图 9.1.16　设置背景属性

步骤 3：将光标定位在"栏目导航"内容的单元格内，单击底部<table >"标签，在"类"下拉列表中选择"bk"，如图9.1.17所示。

图 9.1.17　为表格设置 CSS 规则

步骤 4：单击"新建 CSS 规则"按钮，在弹出的对话框中选择"类（可应用于任何标签）"单选按钮，在"名称"下拉列表中输入新样式的名称"bk2"，"定义在"选择"ys.css"，然后单击"确定"按钮。在弹出的".bk2 的 CSS 规则定义"对话框中设置边框及背景颜色，如图9.1.18和图9.1.19所示。

步骤 5：用光标选中"栏目导航"中单元格的内容，在"类"下拉列表中选择"bk2"。完成"栏目导航"的边框设置，如图9.1.20所示。

步骤 6：用同样的方法完成"学校简介"的边框设置。单击"新建 CSS 规则"按钮，在弹出的对话框中选择"类（可应用于任何标签）"单选按钮，在"名称"下拉列表中输入新样式的名称"bk3"，"定义在"选择"ys.css"，然后单击"确定"按钮。在弹出的"bk3 的 CSS 规则定义"对话框中设置边框属性，如图 9.1.21 所示。

图 9.1.18　新建规则

图 9.1.19　设置属性

（a）未使用样式　　　　　　　　（b）使用样式

图 9.1.20　使用样式前后对比

图 9.1.21　设置边框属性

最终效果如图 9.1.22 所示。

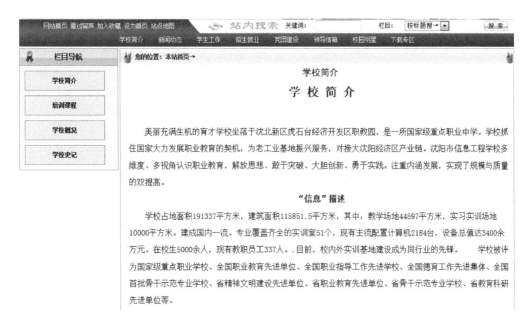

图 9.1.22　网页最终效果

2. 内部 CSS 样式表与外部 CSS 样式表

CSS 分为内部 CSS 及外部 CSS，其创建方法基本相同，只是保存位置不同。内部 CSS 只能用于当前网页，而外部 CSS 除了可用于当前网页外，还可以用于其他网页。

（1）CSS 面板如图 9.1.23 所示。

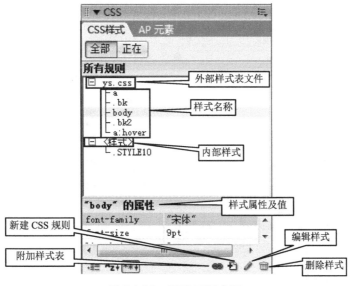

图 9.1.23　CSS 面板介绍

（2）创建内部 CSS 样式及外部 CSS 样式的区别。

创建方法相同，只是创建内部 CSS 样式时"定义在"选择"仅对该文档"，而创建外部 CSS 样式时"定义在"选择"新建样式表文件"，如图 9.1.24 所示。

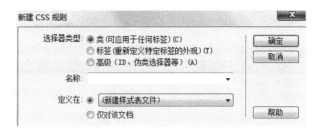

图 9.1.24 新建 CSS 规则

3. 链接外部 CSS 文件

通过链接可将已经建好的 CSS 样式表文件链接到当前页面中,操作步骤如下。

步骤 1:单击"CSS 样式"面板中的"附加样式表"按钮 ,打开"链接外部样式表"对话框,如图 9.1.25 所示。

图 9.1.25 "链接外部样式表"对话框

步骤 2:单击"文件/URL"下拉列表后的"浏览…"按钮。

步骤 3:在"查找范围"下拉列表框中选择外部 CSS 文件的位置,如图 9.1.26 所示。

图 9.1.26 选择样式表文件

步骤 4:在文件列表框中选择需要的外部 CSS 文件。

步骤 5:单击"确定"按钮,返回"链接外部样式表"对话框。

■小贴士：

在当前网页中创建外部 CSS 文件后，Dreamweaver 会自动链接到当前网页。

在"链接外部样式表"对话框的"文件/ URL"下拉列表中可以直接输入外部 CSS 文件的路径及地址。

在"链接外部样式表"对话框的"添加为"区域中选中"导入（I）"单选按钮，可以直接将外部 CSS 样式文件中的样式导入到当前网页中。

4．删除 CSS

在"CSS 样式"面板中选择要删除的 CSS 样式，然后再单击"删除 CSS 规则"按钮 🗑 即可删除该 CSS 样式。

▍知识拓展

1．CSS 概念

Dreamweaver 中的样式表使用的是 Cascading Style Sheets（级联样式表，简称 CSS）。CSS 样式具有非常高的工作效率，它可以生成独立的样式表文件，扩展名为*.css。样式表文件可以包含文件中所有的样式。将样式表文件与网页联系起来以后，关联的网页将自动套用样式表中的格式。样式表可以一次控制多张网页格式，并对网站中的所有网页有效。

CSS 样式的主要功能：

- 更加灵活地控制网页中文字的字体、大小、颜色等属性。
- 精确地控制网页中各个元素的位置。
- 简化代码，提高下载速度。
- 和脚本语言相结合，从而使网页中的元素实现动态效果。
- 代码兼容性更好。

2．CSS 样式分类

CSS 样式包括三种：类（可应用于任何标签）、标签（重新定义特定标签的外观）、高级（ID、伪类选择器）。

这三种样式的定义方法基本一致，但在应用上有所区别。

（1）类（可应用于任何标签）：即自定义 CSS 样式，可以将样式应用于页面中的任何文本范围或文本块中。使用 CSS 样式可以控制各种网页元素的外观，包括文本的字体变化、字间距和行间距变化，以及边框效果等多重属性。该样式的名称必须以句点"．"开头，后面可以包含任何字母和数字的组合。它需要选定应用对象，才能进行应用。

（2）标签（重新定义特定标签的外观）：可以对某一个特定 HTML 标签的默认格式重新进行定义。在"选择器类型"组合框中选中该单选按钮，然后在"标签"文本框中直接输入一个 HTML 标签，或单击文本框右侧下拉按钮 ▼，从弹出的下拉列表中选择一个标签。该标签不需要应用，所有网页中的该类标签都将自动生效。

（3）高级（ID、伪类选择器）：控制超级链接的样式。"a:link"控制网页中链接文本的普通状态外观；"a:visited"控制已经访问的超级链接文本的外观；"a:hover"控制鼠标悬停状态下超级链接文本的外观；"a:active"控制按下鼠标左键时的链接文字样式。

3. CSS 样式属性

（1）"类型"分类：定义基本文字的样式。

字体：设置文本的字体样式。

大小：定义文本的字号。一般常见的网页正文字号为 9 磅。

样式：指定字体样式为正常、斜体或偏斜体。

行高：设置文本所在行的行高。

修饰：设置文本的修饰样式，包括下画线、上画线、删除线等。

粗细：对字体应用指定的或相对的粗细度。"正常"等于 400，"粗体"等于 700。

变量：允许设置字体变量。

大小写："首字母大写"表示将选定文本中单词的第一个字母设置为大写，"大写"为全部大写，"小写"为全部小写。

具体的参数如图 9.1.27 所示。

（2）"背景"分类：定义背景的样式。

背景颜色：设置网页的背景颜色。

背景图像：设置网页的背景图像。

重复：当背景图像不足以填满页面时，设置是否重复和如何重复背景图像，选项如下。

- 不重复：在网页起始位置显示一次图像，不平铺。
- 横向重复：当背景图像小于页面时，纵向平铺背景图像。
- 纵向重复：当背景图像小于页面时，横向平铺背景图像。

附件：设置背景图像在初始位置固定，还是与内容一起滚动。

水平位置与垂直位置：指定背景图像相对于网页的初始位置。

具体的参数如图 9.1.28 所示。

图 9.1.27　设置类型属性

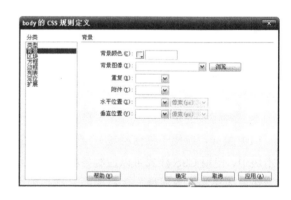

图 9.1.28　设置背景属性

（3）"区块"分类：定义空格和对齐方式的样式。

单词间距：设置单词之间的间距。

字母间距：设置字符之间的间距。

垂直对齐：设置元素的纵向对齐方式。

文本对齐：设置文本的对齐方式。

文本缩进：指定元素空白内容的处理方式。

显示：设置是否显示以及如何显示元素。

具体的参数如图 9.1.29 所示。

(4)"方框"分类：定义网页元素布局样式。

宽和高：设置元素的宽与高。

浮动：移动元素（但是页面并不移动）并将其放置在页面边缘的左侧或右侧。

清除：设置元素的哪一边不允许有层。

填充：设置元素内容和边框之间的空间大小。

边界：设置元素边框和其他元素之间的空间大小。

具体的参数如图 9.1.30 所示。

图 9.1.29　设置区块属性

图 9.1.30　设置方框属性

(5)"边框"分类：定义围绕元素边框的样式。

样式：设置边框的样式，即虚线、实线、双线等。

宽度：设置元素边框的粗细。

颜色：设置边框的颜色。

具体的参数如图 9.1.31 所示。

注意：

每一项中都有"上"、"下"、"左"、"右"四个选项，分别代表边框的四周。通过该项设置可使边框四周采用不同的样式。

(6)"列表"分类：定义列表的样式。

类型：决定项目符号或编号的外观。

项目符号图像：设置项目符号的自定义图像。

位置：设置列表项换行时的样式。

具体的参数如图 9.1.32 所示。

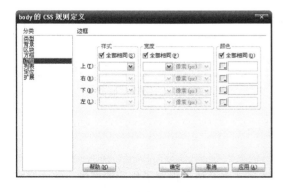
图 9.1.31　设置边框属性

图 9.1.32　设置列表属性

（7）"定位"分类：定义了层的定位样式。

类型：设置浏览器定位元素的方式。

- 绝对：设置相对于页面左上角的坐标位置。
- 相对：设置相对于文件的文本中坐标的对应位置。
- 静态：将内容放置在文本自身的位置。

显示：决定层的初始显示状态。

- 继承：继承内容的上一级的可见性属性。
- 可见：显示内容而不考虑其上级值。
- 隐藏：隐藏内容而不考虑其上级值。

Z 轴：设置内容的叠放顺序，编号高的显示在编号低的之上。

溢出：设置内容超出其大小时的处理方式。

- 可见：扩展的内容都可显示，容器向右下方扩展。
- 隐藏：保持容器的大小，超出部分被剪切，没有滚动条。
- 滚动：不论内容是否超出窗口的大小均为该容器添加滚动条。
- 自动：只有在内容超出窗口的边界时才出现滚动条。

定位：设置内容的位置和大小。

剪辑：设置内容的可见部分。

具体的参数如图 9.1.33 所示。

（8）"扩展"分类：定义网页中的特殊样式。

分页：当打印时按样式控制强行换页。

光标：当鼠标指针停留在由样式控制的对象上时，改变指针的样式。该效果只有 Internet Explorer 4.0 以上版本的浏览器才能看见。

过滤器：对由样式控制的对象应用特殊效果。只有 Internet Explorer 4.0 以上版本的浏览器才支持该属性。过滤器中的部分参数需要人们自己输入相应的值，设置时只需将参数中的问号修改为具体值即可。

具体的参数如图 9.1.34 所示。

图 9.1.33　设置定位属性

图 9.1.34　设置扩展属性

任务总结

在任务一中通过三种 CSS 样式，对网页中的文字、链接文字及边框设置了相应的属性，使大家掌握了这三种样式设置的基本方法。同时还掌握了 CSS 样式定义的选项含义及其应用方法，并能使用

CSS 定义文本样式、美化段落及使用 CSS 滤镜效果等。对网页应用了不同的 CSS 样式后，必须保存网页，这样在预览状态下才可以看到效果。

任务二　CSS+Div 布局网页

知识准备

Div 标签是 AP Div 的一种，使用 Div 标签加上 CSS 可以进行页面的布局及页面效果的控制。在 CSS+Div 布局模式中，Div 主要用于布局和定位，而 CSS 则控制如何显示效果。

项目实施

CSS+Div 技术是目前比较流行的网站布局技术，为保证网站中各页面的风格统一，一般外部 CSS 样式表的引用使用的更多一些。要求网站管理员为网站中的表格类应用建立统一的样式表，以方便其他网页中的同类表格的调用。以"下载专区"网页为例用 CSS+Div 技术进行设计，效果如图 9.2.1 所示。

■小贴士：

CSS+Div 技术在进行复杂页面的布局时，往往比较复杂，一个设计比较好的 CSS+Div 界面往往需要精心的设计和精确的计算。由于篇章的限制，本项目只是 CSS+Div 的简单应用。复杂的应用需要结合前台页面设计进行专业的、大量的训练。

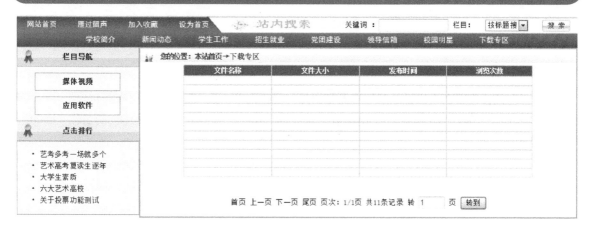

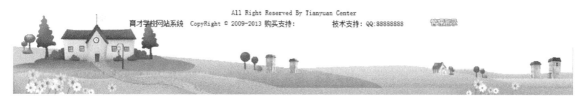

图 9.2.1　网页最终效果图

任务准备

（1）建立站点。

（2）将 xzzq.html 及素材导入站点。位于"项目 9\任务二\ xzzq"文件夹中的原始 xzzq.html 网页如图 9.2.2 所示。

图 9.2.2　网页素材文件

操作方法

步骤 1：光标停留在"栏目导航"右侧空白处，选择菜单"插入记录"→"布局对象" →"Div 标签"选项，打开"插入 Div 标签"对话框。在"类"和"ID"下拉列表框中输入 Div 的名称"main"，如图 9.2.3 所示。

图 9.2.3　插入 Div 标签

步骤 2：单击"新建 CSS 样式"按钮，打开"新建 CSS 规则"对话框。定义名为"xz.css"的 CSS 样式。设置边框："上"、"左"、"右"均为实线，宽度为 1 像素，颜色为"#8BBFD5"（蓝色），如图 9.2.4～图 9.2.6 所示。

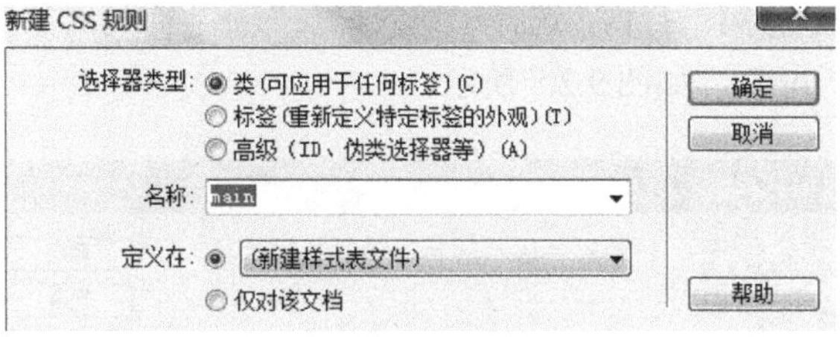

项目九 CSS +Div 美化网页 / 151

图 9.2.4 "新建 CSS 规则"对话框

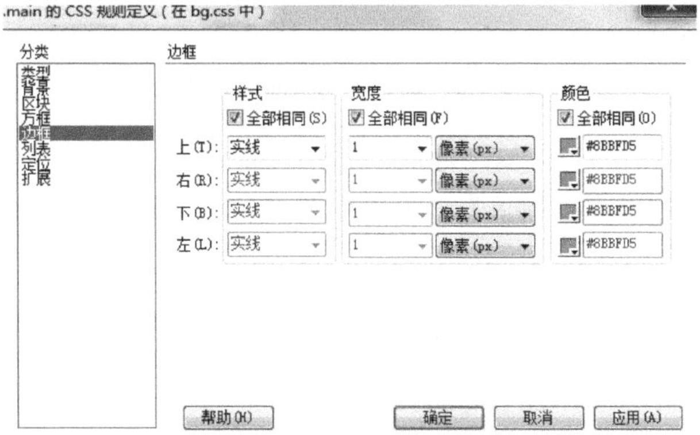

图 9.2.5 设置 main 的 CSS 样式

图 9.2.6 设计视图 1

步骤 3：光标停留在"Div 标签"中，删除标签中的文字，插入一个三行一列、宽度为 800 像素的无边距表格，表格的对齐方式为"居中"，如图 9.2.7 所示。

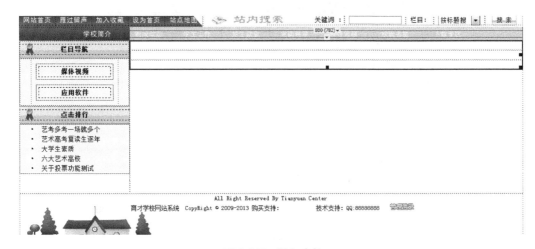

图 9.2.7 插入表格

步骤 4：将光标定位在表格第一行内，选择"插入记录"→"布局对象"→"Div 标签"选项，将"类"和"ID"都命名为"top"，如图 9.2.8 所示。

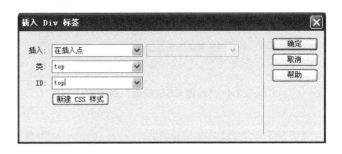

图 9.2.8　设置单元格的类和 ID

步骤 5：新建样式表并保存为 xz.css，为 Div 标签"top"定义一个 CSS 样式。要求设置如下：背景图片为 xxjj_c4.jpg；字体为宋体，颜色为"#006600"，10 磅且加粗；行高为 34 像素。具体设置如图 9.2.9～图 9.2.11 所示。

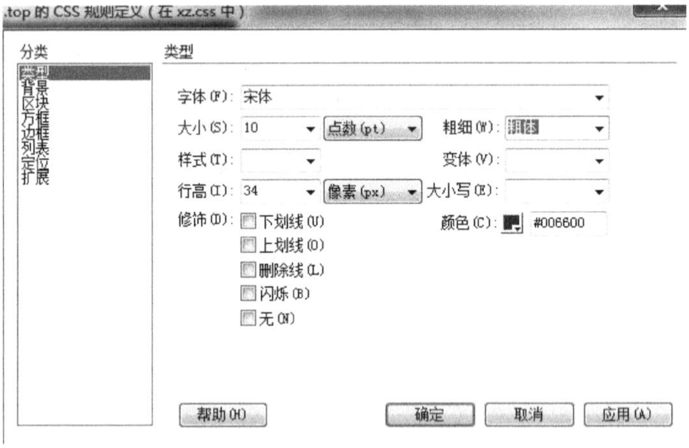

图 9.2.9　设置 top 的 CSS 样式

图 9.2.10　设置背景属性

图 9.2.11 设计视图 2

步骤 6：将"此处显示 class "top" id "top"的内容"改为"您的位置：本站首页→下载中心"，如图 9.2.12 所示。

图 9.2.12 更改单元格内容

步骤 7：在表格第二行再插入一个 Div 标签，"类"和"ID"都为"table"。在 xz.css 中为 Div 标签定义一个类，新建 CSS 样式表 bgn.css，如图 9.2.13 和图 9.2.14 所示。

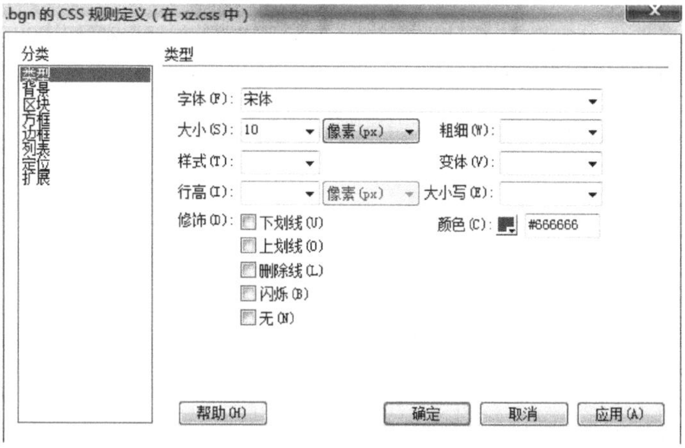

图 9.2.13 设置 bgn 的 CSS 类型属性

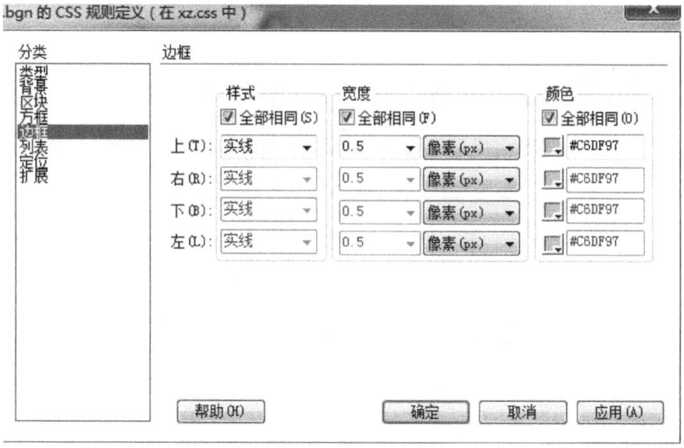

图 9.2.14 设置 bgn 的 CSS 边框属性

步骤 8：在 ID 中插入十二行四列，设置宽度参数为 80%，根据上级单元格实际大小，在表格两边各留出 10% 的空白，如图 9.2.15 所示。

图 9.2.15　插入表格

步骤 9：选中该表格，在"属性"面板中选择"样式"下拉按钮，应用 bgn.css 样式。

步骤 10：重新设置表格第一行的属性，背景颜色为"#637312"，文件字体为宋体，大小为 12 磅，颜色为白色。

步骤 11：在表格第三行再插入一个 Div 标签，"类"和"ID"都要为"bottom"。在 xz.css 中为 Div 标签定义一个类，如图 9.2.16 所示。

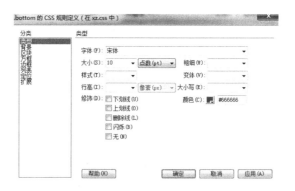

图 9.2.16　设置 bottom 的 CSS 样式

步骤 12：最终效果如图 9.2.17 所示。

图 9.2.17　设计视图最终效果

知识拓展

1. CSS+Div 简介

CSS 是网页制作过程中经常用到的技术，在网页中采用 CSS 可以更轻松、有效地对页面的整体布局、颜色、字体、链接、背景，以及同一页面的不同部分，或不同页面的外观和格式等效果，实现更加精确地控制。

AP Div 是网页内容的一个容器，在 AP Div 中可以旋转文本、图像或其他任何可在文件中插入的内容。由于 AP Div 可以放置在网页中的任何位置，因而能有效地控制网页中的对象。

CSS+Div 是现在最流行的一种网页布局格式。以前网页设计制作人员常用布局表格来进行布局，而现在一些较流行的网页设计全部采用 CSS+Div 来排版布局。用 Div 盒模型结构将各部分内容划分到不同的区块，然后用 CSS 来定义盒模型的位置、大小、边框、内外边距、排列方式等。简单地说，Div 用于搭建网站结构（框架），CSS 用来创建网站表现（样式/美化）。CSS+Div 的优点是可以使 HTML 代码更整齐，更容易被人理解，而且在浏览时速度也会比传统的布局方式快，最重要的是它的可控性要比表格布局强得多。

2. Div 层 CSS 样式类别和属性

CSS 控制区域：Div 的属性可以通过 CSS 规则直接控制。其优点在于，同一个 CSS 可以多次使用。

定义文本绕图：制作文本绕图效果可以通过设置区域的浮动方向和区域自身的填充边距来实现。

实现文本分栏：如果不能直接利用 CSS 实现分栏的效果，则可以定义两个不同的 Div 区域，然后分别输入文字，完成分栏边界。

Padding 元素：利用填充边界可以轻松地制作出文本框的边界，使页面效果更美观。

不规则文本绕图：通过将图片设置为文本背景，再利用多个 Div 区域控制范围来实现。

3. 表格布局与 CSS+Div 布局的区别

（1）表格布局方式：表格对于显示表格式数据（如重复元素的行和列）很有用，且很容易在页面上创建，但表格往往会生成大量难以阅读和维护的代码。

（2）CSS+Div 布局：基于 CSS 的布局通常使用 Div 标签。Div 可以放置在页面上的任意位置，并为它们指定属性，如宽度、高度、边框、背景颜色等。所包含的代码数量要比具有相同特性的基于表格布局的代码数量少得多，而且更简单短小。

 任务总结

CSS 布局的基本构造块是 Div 标签，它是一个 HTML 标签，在大多数情况下用作文本、图像、表格等其他页面元素的容器。当创建 CSS 布局时，将 Div 标签放在页面中，并在标签中添加内容，运用 CSS 样式表，Div 标签可以出现在网页中的任意位置，有效地控制网页中的对象，比表格布局灵活。

课外习题

选择题

1. CSS 的全称及中文译名分别是（　　）。
    A．Cading Style Sheet 和层叠样式表　　B．Cascading Style Sheet 和层次样式表
    C．Cascading Style Sheet 和层叠样式表　　D．Cading Style Sheet 和层次样式表
2. 关于 CSS 的说法正确的是（　　）。
    A．CSS 可以控制网页背景图片

B．margin 的属性值可以是百分比
C．整个<body>可以作为一个 BOX
D．对于中文可以使用 word-spacing 属性对字间距进行调整
E．margin 属性不能同时设置四个边的边距

3．CSS 通过（　　）方法将样式格式化应用到用户的页面中。
　　A．创建新的样式单　　　　　　　　B．内部样式单
　　C．外部的、被链接的样式单　　　　D．被嵌入的样式规则

4．CSS 样式可以定义（　　）网页元素的外观。
　　A．文本　　　　　B．表格　　　　　C．图像　　　　　D．表单

5．在以下的 HTML 中，（　　）正确引用了外部样式表的方法。
　　A．<style src="mystyle.css">
　　B．<link rel="stylesheet" type="text/css" href="mystyle.css">
　　C．<stylesheet>mystyle.css</stylesheet>

6．在 HTML 文件中，引用外部样式表的正确位置是（　　）。
　　A．文件的末尾　　　B．文件的顶部　　　C．<body> 部分　　　D．<head> 部分

7．以下关于 CSS 的描述，正确的是（　　）。
　　A．被广泛地应用到格式化网页文本、图片、表单等网页组成元素中
　　B．通过修改 CSS 样式表就可以改变一个甚至多个网页文件的样式
　　C．可以应用到文件中的任何范围和任何文本段中
　　D．大大提高了格式化页面元素的效率

项目十 校园网中的动态导航

核心技术

- AP Div
- 时间轴、事件和行为
- 基于 Spry 的动态菜单

任务目标

- 任务一：制作"漂浮广告"
- 任务二：创建跟随漂浮广告的导航菜单
- 任务三：创建 Spry 动态菜单

知识摘要

- 了解 AP Div 的网页布局方法及特点
- 掌握 AP Div 的创建和定位方法
- 了解时间轴的功能及基本使用方法
- 了解网页的事件和行为
- 掌握使用 Spry 制作动态菜单的技能

项目背景

某公司招聘网页设计师，需要经过技能考试竞争上岗，要求利用 Dreamweaver 软件完成"校园网站"的制作。

由于进入招生季，客户希望用户在访问网站主页的时候可以注意到学校在进行招生宣传。经过调查研究，客户决定在主页中增加一个"漂浮广告"，以吸引用户的注意力。为了增强广告的互动性，客户希望当用户把鼠标移动到广告上时会在广告旁边弹出一个导航菜单，菜单内容包括招生简章、专业介绍、入学须知、招生问答等，鼠标移开后菜单消失。此外，为了让用户更直观地了解学校的专业设置，在"专业介绍"菜单下增加一组子菜单，内容包括"计算机"、"外语"、"财贸"等，其中"计算机"下又包括"计算机应用"、"计算机网络"、"计算机平面"等。

项目分析

在网页的设计过程中，为了增强页面的显示效果或者强调部分内容，经常需要增加一些动态元素。动态元素的应用一种是通过 Flash 影片来实现，另一种是通过脚本代码来实现。使用脚本代码实现的动态效果具有更改方便，使用灵活的特点。在 Dreamweaver 中，可以手动编写脚本代码，也可以引用制作好的脚本代码，还可以通过一些内置的功能自动产生相对应的脚本代码。本项目中的飘浮广告，导航菜单及 Spry 动态菜单都可以通过 Dreamweaver 中的特定操作而自动产生相对应的脚本代码。

项目目标

通过任务的展开，熟悉 AP Div 的特性并掌握其使用方法，认识 Div 时间轴的功能和使用方法；了解"行为"和"事件"，并能够按要求制作简单的动态交互网页；认识 Spry 框架，掌握修改 Spry 菜单内容和样式的方法。

任务一 制作"漂浮广告"

知识准备

1. AP Div 简介

AP Div（Absolute Position Div）是"position"（位置）的属性值为"absolute"（绝对）的 Div。也就是说，它本质上还是一个 Div，具有 Div 的所有特性，只不过在它的 CSS 规则中，"position"的属性值为"absolute"。

2. AP Div 的特性

由于 AP Div 是绝对定位的，所以可以在不影响其他网页元素的情况下，任意改变它的位置和大小。

项目实施

为响应学校招生宣传的号召，需要为学校网站上添加广告功能。根据讨论，需要网站管理员为网站首页添加漂浮广告。

操作方法

步骤 1：打开 index_apdiv.htm 网页文件。

步骤 2：基于 AP Div 制作漂浮广告。

（1）在"插入"窗口中切换到"布局"选项卡，单击"绘制 AP Div"按钮（如图 10.1.1 所示），在网页的左上角绘制一个 AP Div（提示：当焦点处于代码视图中时，"绘制 AP Div"按钮为不可用状态）。

（2）在"属性"面板中把该 Div 的名字设为"AD"；切换到代码视图，认真观察 Dreamweaver 填写的样式表，如图 10.1.2 所示。其中，"左"表示 Div 的左边框距离其父元素（其父元素的"position"不是"static"，本例中的父元素是 body）左边框的距离；"上"表示 Div 的上边框距其上一级容器上边框的距离。可以手动修改这些值，使该层的位置和大小符合要求，如图 10.1.2 所示。

图 10.1.1　布局工具栏　　　　　　　图 10.1.2　属性及 CSS 代码

（3）插入"招生专题"图片，并链接到招生主题宣传页，如果该主题宣传页还没有制作，则可以用空链接，即把链接设置为"#"。

步骤 3：使用时间轴控制漂浮广告。

（1）打开时间轴窗口（选择"窗口"→"时间轴"选项，或使用"ALT+F9"组合键）。

（2）把 AD 层拖曳到时间轴窗口中。

（3）在对应的时间轴上右击，选择"记录 AP 元素的路径"选项，如图 10.1.3 所示。

（4）在设计视图中按设想的路径拖曳 AD 层，Div 会记录下 AD 层的移动路径，并生成 JavaScript 代码。

（5）选中时间轴窗口中的"自动播放"复选框（如图 10.1.4 所示），然后保存并预览。

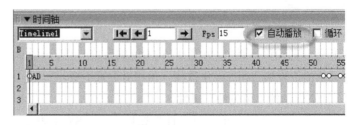

图 10.1.3　"记录 AP 元素的路径"　　　图 10.1.4　时间轴窗口
　　　　　选项

刷新网页后可以看到广告自动按照设定的路径运动，期间一直浮动在网页其他内容之上，且不影响原网页的布局。

提示：

在使用 IE 浏览器的时候可能会出现一个安全提示，单击提示条后在弹出的菜单中选择"允许阻止的内容"选项，如图 10.1.5 所示，否则会看不到动画效果。

图 10.1.5　提示阻止选项

知识拓展

深入认识 position 属性

尝试把 AD 的"position"改成"fixed"、"relative"、"static"，然后预览网页，对比效果。position 的常见值及作用描述见表 10.1.1。

表 10.1.1　position 的常见值及作用描述

常见值	作用描述
absolute	相对于除 static 定位以外的第一个父元素进行定位，其位置由"left"、"top"、"right"以及"bottom"属性决定。
fixed	相对于浏览器窗口进行定位，其位置由"left"、"top"、"right"及"bottom"属性决定
relative	相对于其正常位置进行定位。例如，"left:20px"会向元素的左边添加 20 像素空白，即右移 20 像素
static	默认值。没有定位，元素出现在正常的流中（忽略 top、bottom、left、right 及 z-index 属性）
inherit	从父元素继承 position 属性的值

 任务总结

在本任务中主要学习了"漂浮广告"的一种制作方法，即通过 AP Div 结合时间轴制作一个能按要求在页面上漂浮的广告。通过完成这个任务，使大家熟悉了 AP Div 的特性，对时间轴的作用和使用方法有所了解。

任务二　创建跟随漂浮广告的导航菜单

知识准备

1. AP Div 的定位特性

在任务一的知识拓展中，知道了 AP Div 的定位与其第一个父元素有关，如果父元素的位置发生改变，子元素的位置也会相应发生改变，但相对位置不变。

2. 网页元素的"可见性"属性

每个网页元素都有一个"可见性"属性，在 CSS 中表示为 visibility，通过这个属性可以控制网页元素的显示或隐藏。默认情况下，所有元素都是可见的，可以通过将某元素的"visibility"设置为"hidden"（隐藏）达到将其隐藏的目的。隐藏后需要再显示该元素时，可以将其"visibility"设置为"visible"（可见性）。

项目十 校园网中的动态导航 / 161

项目实施

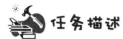

为"招生专题"的漂浮广告创建一个动态导航子菜单,内容包括"专业介绍"等,当鼠标移动到漂浮广告上时在其右边出现子菜单,鼠标移开后子菜单消失。

操作方法

步骤1:绘制一个 AP Div,并命名为 ad_menu。

步骤2:打开代码视图,把 ad_menu 这个层的代码剪切到 AD 中,效果如图 10.2.1 所示,此时 AD 就是 ad_menu 的第一个父元素。

步骤3:调整 ad_menu 层的位置,使其紧贴在 AD 层的右边。由于鼠标拖曳很难做到精确定位,因此可以通过修改 left 和 top 的属性进行调整。

(1) left 属性是 ad_menu 的左边框相对于 AD 的左边框的距离,所以应该设置为 AD 的宽度。
(2) top 属性是 ad_menu 的上边框相对于 AD 的上边框的距离,所以应该设置为 0。
(3) 为了确认 ad_menu 是紧贴且跟随 AD 漂浮,可以临时为 ad_menu 设置任意的背景颜色,然后进行预览。

步骤4:制作菜单内容(方法、配色自定,过程略,参考效果如图 10.2.2 所示)。

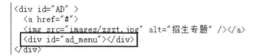　　

图 10.2.1　Div 层的代码　　　　　　　　图 10.2.2　为层插入图片和文字的效果

步骤5:将 ad_menu 层的"visible"(可见性)设为"hidden"(隐藏),隐藏 ad_menu 层,使其在默认情况下不显示。此时在设计视图里也看不到 ad_menu 层,可以在"AP 元素"窗口(通过"窗口"→"AP 元素"选项(快捷键"F2")显示或隐藏该窗口)中选择该层或通过单击元素名称前的"眼睛"图标来显示或隐藏元素,如图 10.2.3 所示。

步骤6:设计动态行为。

(1) 在设计视图中选中 AD 层。
(2) 打开"行为"窗口("窗口"→"行为"选项,或"Shift+F4"组合键)。
(3) 在"行为"窗口中单击"+"按钮,在弹出的菜单中选择"显示-隐藏元素"选项(如图 10.2.4 所示)。在弹出的对话框中选择"div"ad_menu""选项,并单击"显示"按钮,如图 10.2.5 所示。

图 10.2.3　"AP 元素"窗口　　　　图 10.2.4　"行为"窗口

（4）单击"确定"按钮后，在"行为"窗口中设置事件为"onMouseOver"（鼠标经过），如图 10.2.6 所示。

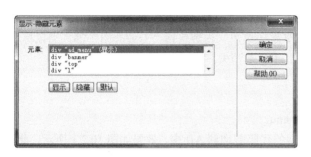

图 10.2.5　显示/隐藏元素 1

图 10.2.6　添加行为

（5）此时预览网页可以看到，一开始只有一个广告在页面中漂浮，当鼠标移动到广告上时，会出现一个导航菜单，用户可以单击菜单项。但是鼠标移开后导航菜单并没有消失，所以还需要对 AD 层添加一个行为——当事件"onMouseOut"（鼠标离开）发生后隐藏"ad_menu"，如图 10.2.7 所示。

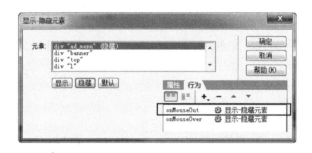

图 10.2.7　显示/隐藏元素 2

知识拓展

1. 了解"z-index"

z-index 属性设置元素的堆叠顺序，仅对定位元素（position:absolute）有效。z-index 的值越大，则该元素离用户越近；数值越小，则离用户越远。

可以自己动手，在一个空白网页中绘制多个部分重叠在一起的 AP Div，为每个 AP Div 设置不同的背景颜色，然后调整各个 AP Div 的 z-index 值，查看 AP Div 的显示情况，如图 10.2.8 所示。

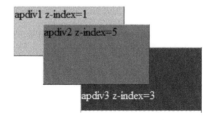

图 10.2.8　层的前后关系

2. 了解"事件"

在完成任务的过程中，通过 Div 的"行为"功能来控制漂浮广告的导航菜单，使其能够按要求在鼠标经过时弹出菜单，鼠标移开后菜单消失。在这里，"菜单出现"、"菜单消失"等是行为，"鼠标经过"、"鼠标移开"等是事件。浏览器会监听用户的操作，当发生某个事件时就调用对应的行为。常见的事件及其描述如表 10.2.1 所示。

表 10.2.1　常见的事件及其描述

事　件	描　述
onClick	单击，即当对象被鼠标单击后发生的事件，下同
onDblClick	双击
onBlur	失去焦点
onFocus	获得焦点
onMouseDown	鼠标按键被按下（onClick 是单击，即在系统规定的时间内按下再弹起）
onMouseUp	鼠标按键被松开
onLoad	一个页面或一幅图像完成加载
onUnload	用户退出（关闭）页面

此外还有很多事件，这里不一一列举，在学习和工作过程中要善于使用 Div 的帮助文件和搜索引擎。

任务总结

在本任务中为"招生专题"的漂浮广告创建一个动态导航子菜单，当鼠标移动到漂浮广告上时在其右边出现子菜单，鼠标移开后子菜单消失。在这个任务中深入学习了 AP Div 的使用，并对 Div 的行为和事件有了初步的认识，能够综合应用这些知识和技术，做出富有动态效果的网页。

任务三　创建 Spry 动态菜单

知识准备

Spry 框架是一个 JavaScript 库，Web 设计人员使用它可以构建能够向站点访问者提供更丰富体验的 Web 页。在设计上，Spry 框架的标记非常简单且便于那些具有 HTML、CSS 和 JavaScript 基础知识的用户使用。

项目实施

任务描述

为"招生专题"的漂浮广告导航菜单中"专业介绍"菜单项创建子菜单，内容包括"计算机"、"外语"、"财贸"等，其中"计算机"又有"计算机应用"、"计算机网络"和"计算机平面"三个子菜单，当鼠标移动到菜单项时在其右侧出现子菜单，鼠标移开后子菜单消失。

任务准备

这个任务需要设计级联菜单，使用任务二中的 AP Div 结合"行为"的技术可以实现，但是需要绘制多个 AP Div，添加多个事件和行为，实现过程太麻烦，而且不便于维护修改，所以，这里使用另外一种技术来完成这个任务。

操作方法

步骤 1：把层 ad_menu 中的内容删除，保留一个空的 ad_menu 层。

步骤 2：在 ad_menu 中插入一个 Spry 菜单。

① 在代码视图中把光标定位在 ad_menu 中。

② 选择"插入"→"Spry"→"Spry 菜单栏"选项，在弹出的对话框中选择"垂直"单选按钮，如图 10.3.1 所示。

图 10.3.1　Spry 菜单布局

③ 保存并预览页面，效果如图 10.3.2 所示。

步骤 3：修改菜单内容。

① 观察对比网页预览效果和代码会发现，所有的菜单内容是以项目列表（ul）的形式设计的，找到规律后就不难对其进行修改。按任务要求修改后的代码如图 10.3.3 所示，效果如图 10.3.4 所示。

图 10.3.2　生成的 Spry 菜单

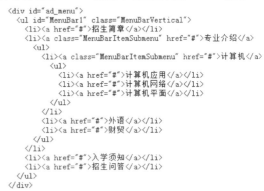

图 10.3.3　修改后的菜单代码

图 10.3.4　修改后的 Spry 菜单效果

② 根据页面的风格修改菜单的配色。

💡提示：

和垂直 Spry 菜单相关的样式都存放在名为"SpryMenuBarVertical.css"的文件中，修改相应 CSS 规则的属性，可以达到改变菜单外观的目的，请结合所学的 CSS 的知识自行探索。

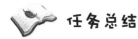

通过 Div 提供的 Spry 菜单栏功能，可以快速制作出符合要求且具有良好互动性的多级菜单。Spry 框架还有很多其他组件，充分利用这些组件可以很容易地做出功能强大的页面。

课外习题

一、填空题

1. AP Div 的 "position" 属性值是 ＿＿＿＿＿＿ 。
2. Spry 菜单栏的布局方式有＿＿＿＿和＿＿＿＿两种。
3. 把某元素的 visibility 属性设置为＿＿＿＿之后，该元素是不可见的。

二、选择题

1．有 4 个 AP Div，ID 分别为 ap1、ap2、ap3、ap4，z-index 值分别为 10、20、30、40，在它们的大小和位置完全一样的情况下，预览网页可以看到（　　）。

　　A．ap1　　　　B．ap2　　　　C．ap3　　　　D．ap4

2．当对象被鼠标单击后发生的事件是（　　）。

　　A．onBlur　　　B．onClick　　　C．onMouseOver　　　D．onLoad

3．通过应用 Spry 技术，可以实现（　　）。

　　A．交互式导航　　B．简单的数据搜寻　　C．表单验证　　　D．网页特效

项目十一 为"首页"添加动态效果

核心技术

- ◆ 了解 JavaScript 代码的概念及作用
- ◆ 掌握常见的行为在网页中的应用
- ◆ 掌握常见的、简单一些的 JavaScript 代码在页面中的使用

任务目标

- ◆ 任务一：利用行为制作网页动态效果
- ◆ 任务二：利用源代码制作特效网页

知识摘要

- ◆ JavaScript 简介
- ◆ 添加 Dreamweaver 提供的行为效果
- ◆ 添加一些常见的、公开的 JavaScript 代码

项目背景

在一般仅使用 HTML 语言的网页中，由于缺乏动态效果和交互性，从而带给用户的体验感总是有所欠缺。要加强这种用户体验，使用 JavaScript（简称 JS）是一种很好的解决办法。JS 是一种基于浏览器的脚本语言，编写十分方便，能够提供大量的动态效果并加强交互性，但是对于一般用户而言，编写规范的、有效的 JavaScript 代码比较麻烦。针对这个问题，Dreamweaver 直接将一些常用的 JS 效果集成起来，成为行为，通过直接添加行为，可以在网页中添加各种效果。对于 Dreamweaver 中没有集成的行为，用户也可以直接使用代码添加到网页中，丰富网页的功能。

项目分析

在 Dreamweaver 中行为是用来动态响应用户操作、改变当前页面效果或执行特定任务的一种方法。行为是由事件和动作构成的。例如，当用户把鼠标移动至对象（称为事件）上时，这个对象会发生预定义的变化（称为动作）。事件是为大多数浏览器理解的通用代码，浏览器通过释译来执行动作。一个事件可以触发许多动作，用户可以定义它们执行的顺序。利用 Dreamweaver 中的行为，无须书写代码，就可以实现丰富的动态页面效果，达到用户与页面交互的目的。

Dreamweaver 不可能集成用户需要的所有行为，故用户还可以根据自己的需要将 JavaScript 代码插入网页的相应位置，丰富网页的功能，达到更好的交互。

项目目标

通过网页行为的添加和网页 JavaScript 代码的直接添加，对于通过 JavaScript 代码加强网页的交互性和动态效果有比较清晰的认识。能熟练添加一些常用的行为，能将一些常见的 JavaScript 代码添加到网页中。行为的添加中主要应注意行为对象的选择及事件的选择。添加 JavaScript 代码时特别要注意 JavaScript 代码是区分大小写的。

任务一　利用行为制作网页动态效果

知识准备

1. Dreamweaver 的常用行为

（1）交换图像:通过更改 img 标签的 src 属性将一个图像和另一个图像进行交换。

（2）弹出消息：在页面上显示一个信息对话框，给用户一个提示信息。使用此动作可以提供信息，而不能为用户提供选择。

（3）恢复交换图像：将最后一组交换的图像恢复为它们以前的源文件。

（4）打开浏览器窗口：使用"打开浏览器窗口"动作在一个新的窗口中打开 URL，可以指定新窗口的属性。

（5）拖动 AP 元素："拖动 AP 元素"动作允许访问者拖动层。使用此动作可以创建拼板游戏、滑块控件和其他可移动的界面元素。

（6）改变属性：这个行为允许用户动态地改变对象属性，如图像的大小、层的背景色等。需要注意的是，这个行为的设置取决于浏览器的支持。

（7）效果：对于一些指定元素添加一些变形的动态效果。

（8）时间轴：可以根据需要添加一些时间轴动态效果，如浮动广告等。

（9）显示/隐藏层：显示/隐藏或恢复一个或多个层的默认可见性。此动作用于在用户与页进行交互时显示信息。

（10）检查插件：有时制作的页面需要某些插件的支持，如使用 Flash 制作的网页，所以有必要对用户浏览器的插件进行检查，看它是否安装了指定的插件。应用这个行为就可以实现这一工作。

（11）检查表单：检查指定文本域的内容以确保用户输入了正确的数据类型。

（12）设置文本：可以设置容器、文本域、框架、状态栏的文本

（13）调用 JavaScript：这个行为允许当某些事件被触发时，调用相应的 JavaScript 脚本，以实现相应的动作。

（14）跳转菜单：该行为主要用于编辑跳转菜单。跳转菜单是文件中的弹出菜单，对站点访问者可见，并列出链接到文件或文件的选项。

（15）设置导航栏图像：设置网站导航栏的图像。

（16）跳转到 URL：可以指定当前浏览器窗口或者框架窗口载入指定的页面。

（17）预先载入图像："预先载入图像"动作会使图像载入浏览器缓存中。这样可防止当图像应该出现时由于下载而导致的延迟。

2．Dreamweaver 的常用事件

（1）onLoad（装入一个文件）：当浏览器完成装入一个窗口或一个帧集合中所有的帧时产生该事件。

（2）onUnload（退出一个文件）：当 Web 页面退出时引发该事件。

（3）onMouseDown（按下鼠标）：当按下鼠标的一个键时发生该事件。

（4）onMouseMove（鼠标移动）：当鼠标移动时发生该事件。

（5）onMouseOver（鼠标悬停）：当鼠标悬停在一个界面对象时发生该事件。

（6）onMouseOut（鼠标滑出界面对象）：当鼠标滑出一个界面对象时发生该事件。

（7）onClick（单击一个对象）：当用户单击鼠标按键时产生该事件。

（8）onFocus（获得焦点）：当表单对象中的文本输入框对象、文本输入区对象或者选择框对象获得焦点时引发该事件。可通过用鼠标单击或用键盘的"Tab"键使一个对象得到焦点。

（9）onBlur（失去焦点）：当表单对象中的文本输入框对象、文本输入区对象或者选择框对象不再拥有焦点时引发该事件。

▌▌项目实施

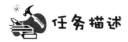

为构建好的"育才学校网站"中的"学校首页"网页设置一些行为，使首页具有一些简单的动态效果。

本任务将为首页添加四种行为效果，分别为在打开和关闭页面时，显示弹出信息的行为；当鼠标移动到网页元素上方时，该网页元素产生晃动的行为；当鼠标移动到图片上时，图片产生更换的行为；当鼠标移动到页面元素上时，该页面元素背景色发生改变的行为。

任务准备

将构建好的"育才学校网站"导入站点，打开"11_1\index.html"文件。

▌▌操作方法

1．在打开和关闭页面时，显示弹出信息行为的实现

步骤 1：选择页面元素。

因为是打开和关闭页面时产生的效果，故一定要先选择<body>标签，如图 11.1.1 所示。

步骤 2：选择行为。

单击窗口菜单的"行为"选项卡，在 Dreamweaver 的右侧打开"行为"面板。这时"行为"面板中所选择的标签应该提示为<body>，如果这时标签提示为其他内容，则表示是对其他的网页元素进行行为操作，请重新选择页面元素后再操作，如图 11.1.2 所示。

图 11.1.1　选择页面中的<body>标签　　　图 11.1.2　"行为"面板所操作的页面元素为<body>标签

步骤 3：设置行为。

单击"+"按钮，在相应的下拉菜单中添加弹出信息的效果，如图 11.1.3 所示。

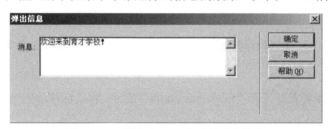

图 11.1.3　添加打开页面时的弹出信息

步骤 4：查看效果。

保存页面并刷新，或者重新打开"11_1\index.html"文件，将可以看到打开页面时会弹出信息，如图 11.1.4 所示。

步骤 5：设置关闭页面时的弹出信息。

设置关闭页面时的弹出信息可以参照打开页面时的弹出信息的相应设置。不过要注意一个问题，即设置弹出信息事件的激活事件为"onUnload"，如图 11.1.5 所示。

图 11.1.4　打开页面时的弹出信息效果　　　图 11.1.5　设置弹出信息事件的激活事件

2. 当鼠标移动到网页元素上方时，该网页元素产生晃动的行为

具体而言，本行为的效果是将鼠标移动到图片上，图片产生晃动的效果，鼠标移开后，图片恢复正常。

步骤 1：选择页面元素。

选择"校园明星"中杨丽的图片，然后选择<img>标签，如图 11.1.6 所示。

步骤 2：选择并设置行为。

这时"行为"面板中所选择的标签应该提示为<img>，添加"效果"→"晃动"行为，然后单击"确定"按钮。

此时如存盘并刷新页面是看不到效果的。因为此时该行为的激活事件默认为"onClick"，即鼠标单击时有效，应该将其设置为"onMouseOver"，即鼠标移动到图片上有效，如图 11.1.7 所示。

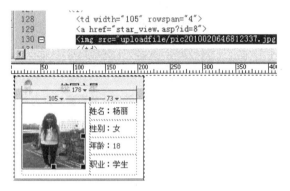

图 11.1.6　选择杨丽的图片　　　　　　　　图 11.1.7　设置图片晃动的行为

步骤 3：查看效果。

保存页面并刷新，或者重新打开"11_1/index.html"文件，将鼠标移动到杨丽的图片上可以看到图片晃动的效果。

3. 当鼠标移动到图片上时，图片产生更换的行为

具体而言，本行为的效果是将鼠标移动到"在线报名"图片上时，图片更换为"成绩查询"图片，鼠标移开后，图片恢复正常。

步骤 1：选择页面元素。

选择"在线报名"图片。

步骤 2：选择并设置行为。

这时"行为"面板中所选择的标签应该提示为<img>，添加"交换图像"行为，按图 11.1.8 进行设置。

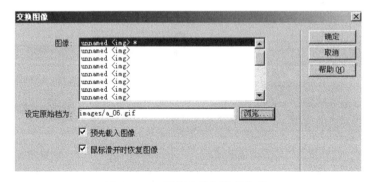

图 11.1.8　设置交换图像的行为

图 11.1.8 中,"图像"列表框中选择的元素保持默认,不要更改。设置"设定原始档为"为图中所示的相应文件,然后单击"确定"即可。

🔔注意:

如果对"在线报名"图片设置好相应的ID,那么图 11.1.8 中的"图像"列表框将显示出该ID,对图像的选择将不会出错。

步骤3:查看效果。

保存页面并刷新,或者重新打开"11_1\index.html"文件,将鼠标移动到"在线报名"图片上并移开可以看到相应效果,如图 11.1.9 和图 11.1.10 所示。

图 11.1.9 交换图像前的效果

图 11.1.10 交换图像后的效果

4. 当鼠标移动到页面元素上时,该页面元素背景色发生改变的行为

具体而言,本行为的效果是将鼠标移动到"校园明星"区域杨丽的附近时,则该区域的背景色将变成灰色,鼠标移开后背景色恢复正常。

步骤1:选择页面元素。

选择 ID 值为"nav_content"的<div>标签,如图 11.1.11 所示。

步骤2:选择并设置行为。

这时"行为"面板中所选择的标签应该提示为<div>,添加"改变属性"行为,按图 11.1.12 进行设置。

图 11.1.11 选择 ID 值为"nav_content"的 <div>标签

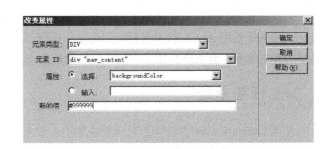
图 11.1.12 设置改变属性的行为

图 11.1.12 中,"元素 ID"处选择相应的 ID 值,"backgroundColor"代表改变背景色,"新的值"文本框中的"#999999"代表新的背景色取值。

此时,如果存盘后刷新是看不到效果的,因为是现在的"改变属性"的默认激活事件为"onFocus"。而"onFocus"事件是当鼠标落在文本框中时发生的事件。故应该将激活事件改为"onMouseOver"。

此时,如果再次进行测试,就能看到效果了。但是,鼠标移开后背景色还是灰色,没有还原为白色。因此,还应该添加一个"改变属性"的行为,如图 11.1.13 所示,并将其激活事件改为"onMouseOut",如图 11.1.14 所示。

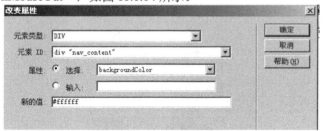

图 11.1.13　设置改变属性的背景色为白色的行为

图 11.1.14　设置改变属性行为的激活事件

步骤 3:查看效果。

保存页面并刷新,或者重新打开"11_1\index.html"文件,将鼠标移动到"校园之星"区域可以看到背景色变化的效果。

知识拓展

一般来说,常见的网页采用以下几种类型或技术。

1. 静态网页

扩展名一般为.htm 或.html。

网页中仅使用.HTML 语言。

页面元素的定位一般使用表格及 CSS+Div 技术。

不使用数据库技术,没有服务器和浏览器的交互。

2. 动态网页

扩展名不仅为.htm 或.html,更多地为.asp、.php 或者.jsp 等。

网页中,在浏览器端为编译后的 HTML 语言,服务器端为各种网络编程语言。

页面元素的定位一般使用表格及 CSS+Div 技术,但是还可以使用 JavaScript 等脚本进行动态控制,Dreamweaver 的行为中有一部分就是进行这样的控制的。

使用数据库技术,一般使用.ASP、.PHP、.JSP、.C#等网络编程语言,进行服务器端和浏览器端的交互。特别是使用 AJAX 技术进行局部更新,即可以保证服务器端和浏览器端的交互,又能有效减少重复的数据流量。而 AJAX 技术中的 J 指的就是 JavaScript。

 任务总结

使用 Dreamweaver 中的行为对网页添加动态效果,是一种简便、快速、有效的办法。为了准确地添加行为,一定要预先选取相关的网页元素,对于行为中的动作一定要选择好正确的激活事件。

任务二 利用源代码制作特效网页

知识准备

JavaScript 是由 Netscape 的 LiveScript 发展而来的,是原型化继承的面向对象的动态类型的客户端脚本语言,并且区分大小写。它的主要目的是为了解决服务器端语言,如 Perl 遗留的速度问题,为客户提供更流畅的浏览效果。

由于 Dreamweaver 不能集成所有的动态效果,故用户可以通过手动添加源代码的方式制作网页特效。在添加代码时,首先要确定添加代码的位置。添加的代码一般可以从互联网中获取,但是要这些代码一般不能直接使用,要注意相关参数的修改。

项目实施

为构建好的"育才学校网站"中的"学校首页"网页添加一些 JavaScript 代码,使网页有更好的交互效果。

本任务将为首页添加四段简单的 JavaScript 代码,分别是"设为首页"的代码、"加入收藏"的代码、"显示日期时间"的代码和"自动关闭页面"的代码。

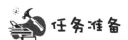

将构建好的"育才学校网站"导入站点,打开"11_2\index.html"文件。

操作方法

1. 添加"设为首页"的代码

步骤1:查找目标位置。

通过"编辑"→"查找和替换"选项,查找代码中的"设为首页"文字,并将其选定。

步骤2:添加代码。

将以下代码替换步骤1中选择的文字,如图 11.2.1 所示。

```
<a onclick="this.style.behavior='url(#default#homepage) ';this.setHomePage('http://www.baidu.com');" href="#">设为首页
</a>
```

在替换时,将代码中的 http://www.baidu.com 部分替换为实际首页的 URL。

图 11.2.1 添加"设为首页"的代码

步骤 3：查看效果。

保存并刷新页面后单击"设为首页"即可看到效果。

2．添加"加入收藏"的代码

步骤 1：查找目标位置。

通过"编辑"→"查找和替换"选项，查找代码中的"加入收藏"文字，并将其选定。

步骤 2：添加代码。

将以下代码替换步骤 1 中选择的文字即可，如图 11.2.2 所示。

```
<a href="javascript:window.external.AddFavorite('http://www.baidu.com','百度')">加入收藏</a>
```

在替换时，将代码中的 http://www.baidu.com 部分替换为实际首页的 URL，将"百度"替换为相应的网站标题即可。

图 11.2.2　添加"加入收藏"代码

步骤 3：查看效果。

保存并刷新页面后单击"加入收藏"即可看到效果。

> ■小贴士：javaScript 的引用
>
> 　　JavaScript 代码的功能一般有两种，一种是纯粹的 JavaScript 代码功能，如显示日期时间、关闭页面的代码等；另一种是 JavaScript 代码与 Div 及 CSS 结合，即通过 JavaScript 代码获取网页中的 Div 标签，然后修改并设置 CSS 的效果，如交换图像、修改属性等。

3．添加"显示日期时间"的代码

步骤 1：查找目标位置。

通过"编辑"→"查找和替换"选项，查找代码中的"下载专区"文字，定位到导航条的代码处。

步骤 2：添加代码。先添加四个空格，保证显示日期时间与"下载专区"文字保持一定间距。

添加以下代码，如图 11.2.3 所示。

```
<script language="javascript">
var dt=new Date();
m=dt.getMonth()+1;
wk=dt.getDay();
d=dt.getDate()+1;
y=dt.getFullYear();
document.write(m+"月"+d+"日 星期"+wk+" "+y+"年");
</script>
```

步骤 3：查看效果。

保存并刷新页面后可看到效果，如图 11.2.4 所示。

项目十一 为"首页"添加动态效果 / 175

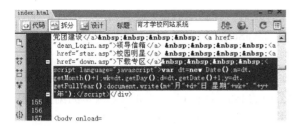

图 11.2.3 添加"显示日期时间"的代码   图 11.2.4 "显示日期时间"的效果

4. 添加"自动关闭页面"的代码

步骤 1：查找目标位置。

通过"编辑"→"查找和替换"选项，查找代码中的"<body>"文字，定位到该语句的">"的后面。

步骤 2：添加代码。

添加以下代码，如图 11.2.5 所示。

```
<script language="javascript">
<!--
function clock(){i=i-1;
document.title="本窗口将在"+i+"秒后自动关闭!";
if(i>0)setTimeout("clock();",1000);
else self.close();}
var i=5;
clock();
//-->
</script>
```

图 11.2.5 添加"自动关闭页面"代码

步骤 3：查看效果。

保存并刷新页面后可看到效果，5 秒后该页面自动关闭。

  任务总结

对于 JavaScript 代码，一般情况下，需要具有一定的编程能力才能够编写。初学者可以不必将 JavaScript 代码完全理解清楚，只需要能够根据需要修改相关参数，能够将代码引入到 HTML 语言中使用即可。

知识拓展

JavaScript 简介

JavaScript 是为适应动态网页制作的需要而诞生的一种新的编程语言，如今越来越广泛地使用于

Internet 网页制作上。JavaScript 是由 Netscape 公司开发的一种脚本语言，或称为描述语言。在 HTML 基础上，使用 JavaScript 可以开发交互式 Web 网页。JavaScript 的出现使网页和用户之间实现了一种实时性的、动态的、交互性的关系，使网页包含更多活跃的元素和更加精彩的内容。

运行用 JavaScript 编写的程序需要能支持 Javascript 语言的浏览器。Netscape 公司的 Navigator 3.0 以上版本的浏览器都能支持 JavaScript 程序，微软公司的 Internet Explorer 3.0 以上版本的浏览器基本上支持 JavaScript。微软公司还有自己开发的 JavaScript，称为 JScript。JavaScript 和 JScript 基本上是相同的，只是在一些细节上有出入。

> ■小贴士：JavaScript 的引用
>
> JavaScript 在 Dreamweaver 中的使用方式一般有两种，一种是在 Dreamweaver 中直接编写代码，另一种是通过<script src="./###.js" type="text/javascript"></script>的方式引用外部已经编写好的 JavaScript 程序。

JavaScript 短小精悍，又是在客户机上执行的，因此大大提高了网页的浏览速度和交互能力。同时，它还是专门为制作 Web 网页而量身定做的一种简单的编程语言。

JavaScript 使网页增加互动性，使有规律性重复的 HTML 语句简化，减少下载时间。JavaScript 能及时响应用户的操作，对提交表单做即时的检查，无须浪费时间交由 CGI 验证。

课外习题

选择题

1. 可以在下列 HTML 元素中的（　　）内中放置 JavaScript 代码。
   A．< script >　　　　B．< javascript >　　　C．< js >　　　　D．< scripting >
2. 在 Dreamweaver MX 中下面（　　）文件类型可以进行编辑。
   A．HTML 文件　　　　B．文本文件（.txt）
   C．脚本文件（.js）　　D．样式文件（.css）
3. 在客户端网页脚本语言中，最常用的是（　　）。
   A．JavaScript　　　　B．VB　　　　C．Perl　　　　D．ASP
4. 以下不属于 JavaScript 特征的选项是（　　）。
   A．JavaScript 是一种脚本语言　　　　B．JavaScript 是事件驱动的
   C．JavaScript 代码需要编译以后才能执行　　　　D．JavaScript 是独立于平台的
5. 以下（　　）选项中的方法全部属于 Windows 对象。
   A．alert、clear、close　　　　B．clear、close、open
   C．alert、close、confirm　　　　D．alert、setTimeout、write
6. 下列关于鼠标事件描述有误的是（　　）。
   A．click 表示鼠标单击
   B．dblclick 表示鼠标右击
   C．mousedown 表示鼠标的按钮被按下
   D．mousemove 表示鼠标进入某个对象范围，并且移动。
7. 在 Dreamweaver 中，（　　）动态 HTML 技术可以实现网上交互游戏
   A．脚本语言　　　　B．数据绑定　　　　C．动态内容　　　　D．动态样式
8. 在 Dreamweaver 中，Behavior（行为）是由（　　）构成的。
   A．事件　　　　B．动作　　　　C．初级行为　　　　D．最终动作

项目十二　整 合 网 站

核心技术

- 链接的综合应用
- CSS+Div 的综合应用
- 表格布局的综合应用

任务目标

- 任务一：完善育才学校网站
- 任务二：制作企业网站

知识摘要

- 网页链接的熟练应用
- 复杂表格的综合应用
- CSS+Div 的综合应用

项目背景

网站制作过程中的一个步骤是把前台美工制作的图片形式的页面转换为 HTML 网页，另一个步骤是对网站的各个分页面进行整合。需要网站设计人员利用网站管理技术，把各分页面通过网页链接的形式连接起来，形成一个完整的网站前台页面。

项目分析

本项目包含了网站中各分页面，在页面整合过程中，由于各部分相对独立，因而只是一个模拟整合的过程。前面十一个项目中制作的文件以文件夹的形式分别复制到"项目12"文件夹中备用。

任务二通过给定的前台页面，将其转换为恰当的 HTML 页面。

项目目标

通过项目的实施，使学生对网站设计流程有一个整体的认识，可以自主选择不同的方式达到同样的效果，从而可以体现学生对网页设计的综合能力。

任务一　完善育才学校网站

项目实施

任务描述

学校网站各分页面已经完成，需要网站设计人员利用网站管理技术，把各分页面通过网页链接的形式连接起来，形成一个完整的网站前台页面。

> ■小贴士：
> 部分不存在的页面，需要根据页面显示的效果，利用前面所学的内容自行制作。为保证网站的整体效果，可以使用 CSS+Div 技术和框架技术。

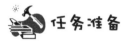
任务准备

"项目 1"～"项目 12"文件夹的内容。

操作方法

步骤 1：在 Dreamweaver 中建立一个站点，指向"项目 12"文件夹。
步骤 2：将"项目 1"～"项目 11"文件夹分别复制到"项目 12"目录中，如图 12.1.1 所示。
步骤 3："学校简介"链接页面效果如图 12.1.2 所示。
步骤 4："新闻动态"链接页面效果如图 12.1.3 所示。

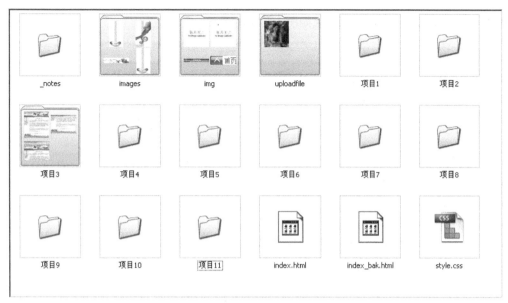

图 12.1.1 素材文件组合

图 12.1.2 "学校简介"链接页面效果

图 12.1.3 "新闻动态"链接页面效果

步骤5："学生工作"链接页面效果如图12.1.4所示。

图12.1.4 "学生工作"链接页面效果

步骤6："招生就业"链接页面效果如图12.1.5所示。

图12.1.5 "招生就业"链接页面效果

步骤7："党团建设"链接页面效果如图12.1.6所示。

图12.1.6 "党团建设"链接页面效果

步骤 8: "领导信箱"链接页面效果如图 12.1.7 所示。

图 12.1.7 "领导信箱"链接页面效果

步骤 9: "校园明星"链接页面效果如图 12.1.8 所示。

图 12.1.8 "校园明星"链接页面效果

步骤 10: "下载专区"链接页面效果如图 12.1.9 所示。

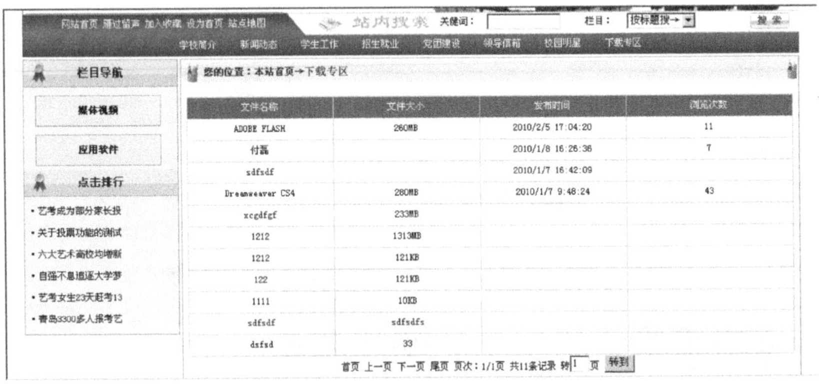

图 12.1.9 "下载专区"链接效果

步骤 11: 依次设定从主页单击进入的二级页面的导航信息，尤其是网站首页需要链接到"项目 12\index.html"网页。保证所有页面单击后可以返回到主页。

 任务总结

通过本任务的完成，可以对于网站前台设计有一个整体的认识。通过完成给定的图片网页的制作可以了解网页制作的完整流程。通过整合各个项目的内容，以及重复的设定链接让学生熟练掌握相对路径的使用，以及使用 CSS 和框架的必要性。

任务二　制作企业网站

项目实施

网站设计公司需要制作一个小型的企业网，网站的风格已经由网站前台美工人员完成。现需要其他网页设计者根据给定的页面和素材制作网页文件。在设计过程中可以综合使用框架结构，CSS+DIV 技术、JavaScript 技术及 Spry 技术等。

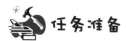

"项目 12" 文件夹中所提供的图片。

操作方法

步骤 1：网站首页效果如图 12.2.1 所示。

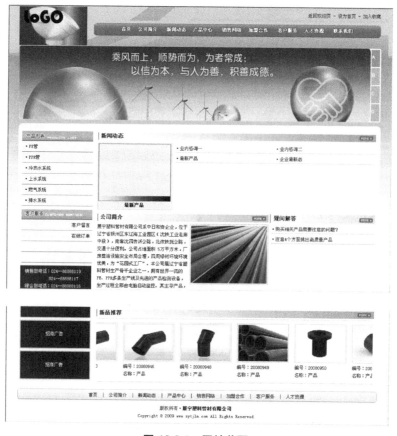

图 12.2.1　网站首页

步骤 2："公司简介"效果如图 12.2.2 所示。

图 12.2.2　公司简介

步骤 3："新闻动态"效果如图 12.2.3 所示。

图 12.2.3　新闻动态

步骤 4："产品中心"效果如图 12.2.4 所示。

图 12.2.4　产品中心

步骤 5："销售网络"效果如图 12.2.5 所示。

图 12.2.5　销售网络

步骤 6:"加盟合作"效果如图 12.2.6 所示。

图 12.2.6　加盟合作

步骤 7:"客户服务"效果如图 12.2.7 所示。

图 12.2.7　客户服务

步骤8:"人才资源"效果如图 12.2.8 所示。

图 12.2.8　人才资源

步骤9:"联系我们"效果如图 12.2.9 所示。

图 12.2.9　联系我们

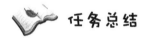 任务总结

通过这个任务的实施,一方面可以让学生了解网站设计的整体流程,另一方面可以锻炼对于复杂布局的掌控,以及网站整体风格及系统设计的观念。对于给定的网站全套页面,学生首先需要确定布局方法,以及是否采用框架结构,而哪些页需要采用框架结构。需要的素材可以从图片中用 PhotoShop 类工具软件截取,也可以用 PhotoShop 的切片工具生成简单的布局页后再修改。

课外习题

操作题

1. 根据网站上面的导航按钮,制作并链接所有的二级页面,确保导航栏上的所有导航按钮都能链接到正确的页面。
2. 查看所有的二级页面,确保网站中每一个页面中的每一个链接都可以链接到正确的页面。

附录 A 常用 HTML 代码

一、文字

1）标题文字：<h#>...</h#>

注：#=1~6，h1 为最大字；h6 为最小字。

2）字体变化：<font>...</font>

① 字体大小：<font size=#>...</font>

注：#=1~7，数字越大字就越大。

② 指定字型：<font face="字体名称">...</font>

③ 文字颜色：<font color=#rrggbb>...</font>

注：rr 代表红色（red）色码；gg 代表绿色（green）色码；bb 代表蓝色（blue）色码；rrggbb 也可用 6 位颜色代码数字表示。

3）显示小字体：<small>...</small>

4）显示大字体：<big>...</big>

5）粗体字：...

6）斜体字：<i>...</i>

7）打字机字体：<tt>...</tt>

8）底线：<u>...</u>

9）删除线：<strike>...</strike>

10）下标字：_{...}

11）上标字：^{...}

12）文字闪烁效果：<blink>...</blink>

13）换行（也称回车）：

14）分段：<p>

15）文字的对齐方向：<p align="#">

注：#号可为 left，表示向左对齐（预设值）；center，表示向中对齐；right，表示向右对齐。<p align="#">之后的文字都会以所设的对齐方式显示，直到出现另一个<p align="#">改变其对齐方向。遇到<hr>或<h#>标签时会自动设回预设的向左对齐。

16）分隔线：<hr>

① 分隔线的粗细：<hr size=点数>

② 分隔线的宽度：<hr size=点数或百分比>

③ 分隔线对齐方向：<hr align="#">

注：#号可为 left，表示向左对齐（预设值）；center，表示向中对齐；right，表示向右对齐。

④ 分隔线的颜色：<hr color=#rrggbb>

⑤ 实心分隔线：<hr noshade>

17）居中对齐：<center>...</center>

18）依原始样式显示：<pre>...</pre>

19）指令的属性：<body>...</body>

① 背景颜色：bgcolor <body bgcolor=#rrggbb>

② 背景图案：background <body background="图形文件名">

③ 设定背景图案不会卷动：bgproperties <body bgproperties=fixed>

④ 文件内容文字的颜色：text <body text=#rrggbb>

⑤ 超链接文字颜色：link <body link=#rrggbb>

⑥ 正被选取的超链接文字颜色：vlink <body vlink=#rrggbb>

⑦ 已链接过的超链接文字颜色：alink <body alink=#rrggbb>

20）文字移动指令：<MARQUEE>...</MARQUEE>

① 移动速度指令：scrollAmount=#

注：#号最小为1，表示速度最慢，数字越大移动越快。

② 移动方向指令：direction=#

注：#号可为up，表示向上；down，表示向下；left，表示向左；right，表示向右。

二、图片

1）插入图片：<img src="图形文件名">

2）设定图框：border <img src="图形文件名" border=点数>

3）设定图形大小：width、height <img src="图形文件名" width=宽度点数 height=高度点数>

4）设定图形上下左右留空：vspace、hspace <img src="图形文件名" vspace=上下留空点数 hspace=左右留空点数>

5）图形附注：<img src="图形文件名" alt="说明文字">

6）预载图片：<img src="高解析度图形文件名" lowsrc="低解析度图形文件名">

注：两个图的图形大小最好一致。

7）影像地图（Image Map）：<img src="图形文件名" usemap="#图的名称"> <map name="图的名称">

<area shape=形状 coords=区域坐标列表 href="连接点之 URL">

<area shape=形状 coords=区域坐标列表 href="连接点之 URL">

<area shape=形状 coords=区域坐标列表 href="连接点之 URL">

<area shape=形状 coords=区域坐标列表 href="连接点之 URL"> </map>

（1）定义形状：shape

注：shape=rect，表示矩形；shape=circle，表示圆形；shape=poly，表示多边形。

（2）定义区域：coords

① 矩形：必须使用四个数字，前两个数字为左上角坐标，后两个数字为右下角坐标。

例如：<area shape=rect coords=100,50,200,75 href="URL">

② 圆形：必须使用三个数字，前两个数字为圆心的坐标，最后一个数字为半径长度。

例如：<area shape=circle coords=85,155,30 href="URL">

③ 任意图形（多边形）：将图形每一转折点坐标依序填入。

例如：<area shape=poly coords=232,70,285,70,300,90,250,90,200,78 href="URL">

三、表格

1）表格标题

<caption>...</caption>

注：<td>表示靠左对齐；<th>表示靠中对齐粗体。
<caption align="#">
注：#号可为 top，表示标题置于表格上方（预设值）；bottom，表示标题置于表格下方 align（位置）。

2）定义行：<tr>
3）定义单元格：<td>或<th>
① 水平位置：<th align="#">
注：#号可为 left，表示向左对齐；center，表示向中对齐；right，表示向右对齐。
② 垂直位置：<th align="#">
注：#号可为 top，表示向上对齐；middle，表示向中对齐；bottom，表示向下对齐。
③ 单元格宽度：<th width=点数或百分比>
④ 单元格垂直合并<th rowspan=欲合并栏位数>
⑤ 单元格横向合并<th colspan=欲合并栏位数>

四、表格的主要属性

1）<table>标记
- align，定义表格的对齐方式，有 3 个属性值，分别为 center、left、right。
- background，定义表格的背景图案，属性值为图片的地址。
- bgcolor，定义表格的背景颜色，属性值是各种颜色代码。
- border，定义表格的边框宽度，属性值是数字。
- bordercolor，定义表格边框的颜色，属性值是各种颜色代码。
- cellpadding，定义单元格内容与单元格边框之间的距离，属性值是数字。
- cellspacing，定义表格中单元格之间的距离，属性值是数字。
- height，定义表格的高度，属性值是数字。
- width，定义表格的宽度，属性值是数字。

2）<tr>标记
表格是由多行与多列组成的，<tr>标记用来定义表格的一行，它的属性与属性值定义的是表格中的该行，其主要属性与属性值如下：
- align，定义对齐方式，属性值与上同。
- background，定义背景图案。
- bgcolor，定义背景色。

3）<td>标记
用<td>标记括起来的内容表示表格的单元。其主要属性与属性值和<table>标记的一样，补充两个合并列和行的代码：
- colspan，定义合并表格的列数，属性值是数字。
- rowspan，定义合并表格的行数，属性值是数字。

五、frame

1）分割视窗指令：<frameset>...</frameset>
① 垂直（上下）分割：<frameset rows=#>
注：#号可为点数，如果分割为 100,200,300 三个视窗，则<frameset rows=100,200,300>；也可以*

号代表，如<frameset rows=*,500,*>；百分比表示，如<frameset rows=30%,70%>，各项总和最好为100%。

② 水平（左右）分割：<frameset cols=点数或百分比>。

2）指定视窗内容：<frame>

<frameset cols=30%,70%> <frame> <frame> </frameset>

① 指定视窗的文件名称：<frame src=HTML 档名>

② 定义视窗的名称：<frame name=视窗名称>

③ 设定文件与上下边框的距离：<frame marginheight=点数>

④ 设定文件与左右边框的距离：<frame marginwidth=点数>

⑤ 设定分割视窗卷轴：<frame scrolling=#>

注：#号可为 yes，表示固定出现卷轴；no，不出现卷轴；auto，自动判断文件大小是否需要卷轴（预设值）。

⑥ 锁住分割视窗的大小：<frame noresize>

六、歌曲代码

在这组代码中，只要扩展名为.asf、.wma、.wmv、.wmv、.rm 的都可适用下面的代码。

1）手动播放

<EMBED src=歌曲地址 volume="100" width=39 height=18 hidden="false" autostart="fault" type="audio/x-pn-realaudio-plugin" controls="PlayButton">

2）打开页面自动播放

<EMBED src="歌曲地址" width="39" height="18" autostart="true" hidden="false" loop="infinite" align="middle" volume="100" type="audio/x-pn-realaudio-plugin" controls="PlayButton" autostart="true">

附录 B Div 快捷键

在运用 Div 的过程中，熟练使用快捷键，制作网页时能达到事半功倍的效果。

1．文件菜单
新建文件：Ctrl+N，或直接在软件启动后的窗口中"新建"下选择 HTML。

打开一个 HTML 文件：Ctrl+O，或者将文件从"文件管理器"或"站点"窗口拖动到"文件"窗口中，或者直接在软件启动后的窗口中"打开最近的项目"下方的"选择"来打开一个 HTML 文件。

在框架中打开：Ctrl+Shift+O

关闭：Ctrl+W

保存：Ctrl+S

另存为：Ctrl+Shift+S

检查链接：Shift＋F8

退出：Ctrl+Q

2．编辑菜单
撤销：Ctrl+Z

重复：Ctrl+Y 或 Ctrl+Shift+Z

剪切：Ctrl+X 或 Shift+Del

复制：Ctrl+C 或 Ctrl+Ins

粘贴：Ctrl+V 或 Shift+Ins

清除：Delete

全选：Ctrl+A

选择父标签：Ctrl+Shift+<

选择子标签：Ctrl+Shift+>

查找和替换：Ctrl+F

查找下一个：F3

缩进代码：Ctrl+Shift+]

左缩进代码：Ctrl+Shift+［

平衡大括弧：Ctrl+'

启动外部编辑器：Ctrl+E

参数选择：Ctrl+U

3．页面视图
标准视图：Ctrl+Shift+F6

布局视图：Ctrl+F6

工具条：Ctrl+Shift+T

4．查看页面元素
可视化助理：Ctrl+Shift+I

标尺：Ctrl+Alt+R

显示网格：Ctrl+Alt+G

靠齐到网格：Ctrl+Alt+Shift+G
头内容：Ctrl+Shift+W
页面属性：Ctrl+Shift+J

5. 代码编辑

切换到设计视图：Ctrl+Tab
打开快速标签编辑器：Ctrl+T
选择父标签：Ctrl+Shift+<
平衡大括弧：Ctrl+'
全选：Ctrl+A
复制：Ctrl+C
查找和替换：Ctrl+F
查找下一个：F3
替换：Ctrl+H
粘贴：Ctrl+V
剪切：Ctrl+X
重复：Ctrl+Y
撤销：Ctrl+Z
切换断点：Ctrl+Alt+B
向上选择一行：Shift+Up
向下选择一行：Shift+Down
选择左边字符：Shift+Left
选择右边字符：Shift+Right
向上翻页：Page Up
向下翻页：Page Down
向上选择一页：Shift+Page Up
向下选择一页：Shift+Page Down
选择左边单词：Ctrl+Shift+Left
选择右边单词：Ctrl+Shift+Right
移到行首：Home
移到行尾：End
移动到代码顶部：Ctrl+Home
移动到代码尾部：Ctrl+End
向上选择到代码顶部：Ctrl+Shift+Home
向下选择到代码顶部：Ctrl+Shift+End

6. 编辑文本

创建新段落：Enter
插入换行：Shift+Enter
插入不换行空格：Ctrl+Shift+Spacebar
复制文本或对象到页面其他位置：Ctrl+拖动选取项目到新位置
选取一个单词：双击
将选定项目添加到库：Ctrl+Shift+B

在设计视图和代码编辑器之间切换：Ctrl+Tab
打开和关闭"属性"检查器：Ctrl+Shift+J
检查拼写：Shift+F7

7．格式化文本

缩进：Ctrl+]
左缩进：Ctrl+[
格式>无：Ctrl+0
段落格式：Ctrl+Shift+P
应用标题 1～6 到段落：Ctrl+1～6
对齐>左对齐：Ctrl+Shift+Alt+L
对齐>居中：Ctrl+Shift+Alt+C
对齐>右对齐：Ctrl+Shift+Alt+R
加粗选定文本：Ctrl+B
倾斜选定文本：Ctrl+I
编辑样式表：Ctrl+Shift+E

8．查找和替换文本

查找：Ctrl+F
查找下一个/再查找：F3
替换：Ctrl+H

9．处理表格

选择表格（光标在表格中）：Ctrl+A
移动到下一单元格：Tab
移动到上一单元格：Shift+Tab
插入行（在当前行之前）：Ctrl+M
在表格末插入一行：Tab
删除当前行：Ctrl+Shift+M
插入列：Ctrl+Shift+A
删除列：Ctrl+Shift+-（"-"为连字符）
合并单元格：Ctrl+Alt+M
拆分单元格：Ctrl+Alt+S
更新表格布局（在"快速表格编辑"模式中强制重绘）：Ctrl+Spacebar

10．处理框架

选择框架：在框架中 Alt+单击
选择下一框架或框架页：Alt+→
选择上一框架或框架页：Alt+←
选择父框架：Alt+↑
选择子框架或框架页：Alt+↓
添加新框架到框架页：Alt+从框架边界拖动
使用模式添加新框架到框架页：Alt+Ctrl+从框架边界拖动

11．处理层

选择层：Ctrl+Shift+单击

选择并移动层：Shift+Ctrl+拖动
从选择中添加或删除层：Shift+单击层
以像素为单位移动所选层：↑
按靠齐增量移动所选层：Shift+方向键
以像素为单位调整层大小：Ctrl+方向键
以靠齐增量为单位调整层大小：Ctrl+Shift+方向键
将所选层与最后所选层的顶部/底部/左边/右边对齐：Ctrl+↑/↓/←/→方向键
统一所选层宽度：Ctrl+Shift+〔
统一所选层高度：Ctrl+Shift+〕
创建层时切换嵌套设置：Ctrl+拖动
切换网格显示：Ctrl+Shift+Alt+G
靠齐到网格：Ctrl+Alt+G

12．处理对象

添加对象到时间轴：Ctrl+Alt+Shift+T
添加关键帧：Shift+F9
删除关键帧：Delete
改变图像源文件属性：Double+单击图像
在外部编辑器中编辑图像：Ctrl+双击图像

13．管理超级链接

创建超级链接（选定文本）：Ctrl+L
删除超级链接：Ctrl+Shift+L
在 Dreamweaver 打开链接文件：Ctrl+双击链接
检查选定链接：Shift+F8
检查整个站点中的链接：Ctrl+F8

14．在浏览器中预览

在主浏览器中预览：F12
在次要浏览器中预览：Ctrl+F12

15．在浏览器中调试

在主浏览器中调试：Alt+F12
在次要浏览器中调试：Ctrl+Alt+F12

16．站点管理和 FTP

创建新文件：Ctrl+Shift+N
创建新文件夹：Ctrl+Shift+Alt+N
打开选定：Ctrl+Shift+Alt+O
从远程 FTP 站点下载选定的文件或文件夹：Ctrl+Shift+D，或将文件从"站点"窗口的"远程"栏拖动到"本地"栏
将选定的文件或文件夹上传到远程 FTP 站点：Ctrl+Shift+U，或将文件从"站点"窗口的"本地"栏拖动到"远程"栏
取出：Ctrl+Shift+Alt+D
存回：Ctrl+Shift+Alt+U
查看站点地图：Alt+F8

刷新远端站点：Alt+F5

17．站点地图
查看站点文件：F8
刷新本地栏：Shift+F5
设为根：Ctrl+Shift+R
链接到现存文件：Ctrl+Shift+K
改变链接：Ctrl+L
删除链接：Delete
显示/隐藏链接：Ctrl+Shift+Y
显示页面标题：Ctrl+Shift+T
重命名文件：F2
放大站点地图：Ctrl+ + (plus)
缩小站点地图：Ctrl+ - (hyphen)

18．播放插件
播放插件：Ctrl+Alt+P
停止插件：Ctrl+Alt+X
播放所有插件：Ctrl+Shift+Alt+P
停止所有插件：Ctrl+Shift+Alt+X

19．处理模板
创建新的可编辑区域：Ctrl+Alt+V

20．插入对象
任何对象（图像，Shockwave 影片等）：将文件从资源管理器或"站点"窗口拖动到"文件"窗口
图像：Ctrl+Alt+I
表格：Ctrl+Alt+T
Flash 影片：Ctrl+Alt+F
Shockwave 和 Director 影片：Ctrl+Alt+D
命名锚记：Ctrl+Alt+A

21．历史记录面板
打开"历史纪录"面板：Shift F10
开始/停止录制命令：Ctrl+Shift+X
播放录制好的命令：Ctrl+P

22．打开和关闭面板
对象：Ctrl+F2
属性：Ctrl+F3
站点文件：F5
站点地图：Ctrl+F5
资源：F11
CSS 样式：Shift+F11
HTML 样式：Ctrl+F11
行为：Shift+F3
历史记录：Shift+F10

时间轴：Shift+F9
代码检查器：F10
框架：Shift+F2
层：F2
参考：Ctrl+Shift+F1
显示/隐藏浮动面板：F4
最小化所有窗口：Shift+F4
最大化所有窗口：Alt+Shift+F4

23．获得帮助

使用 Dreamweaver 的帮助主题：F1
参考：Shift+F1
Dreamweaver 支持中心：Ctrl+F1

反侵权盗版声明

电子工业出版社依法对本作品享有专有出版权。任何未经权利人书面许可，复制、销售或通过信息网络传播本作品的行为；歪曲、篡改、剽窃本作品的行为，均违反《中华人民共和国著作权法》，其行为人应承担相应的民事责任和行政责任，构成犯罪的，将被依法追究刑事责任。

为了维护市场秩序，保护权利人的合法权益，我社将依法查处和打击侵权盗版的单位和个人。欢迎社会各界人士积极举报侵权盗版行为，本社将奖励举报有功人员，并保证举报人的信息不被泄露。

举报电话：（010）88254396；（010）88258888
传　　真：（010）88254397
E-mail：　dbqq@phei.com.cn
通信地址：北京市万寿路 173 信箱
　　　　　电子工业出版社总编办公室
邮　　编：100036